三衢山喀斯特地貌
原生态草本植物

徐正浩　陈中平　陈新建

季卫东　余黎红　李余新　　著

浙江大学出版社
ZHEJIANG UNIVERSITY PRESS

图书在版编目（CIP）数据

三衢山喀斯特地貌原生态草本植物 / 徐正浩等著. —杭州：
浙江大学出版社，2019.10
ISBN 978-7-308-19631-4

Ⅰ．①三… Ⅱ．①徐… Ⅲ．①岩溶地貌—草本植物—
常山县—图谱 Ⅳ．①Q949.408-64

中国版本图书馆CIP数据核字（2019）第218813号

内容简介

本书按被子植物种系发生学组(Angiosperm Phylogeny Group，APG)分类系统介绍了三衢山喀斯特地貌中的129种原生态草本植物，包括中文名、学名、中文异名、英文名、分类地位、形态学鉴别特征、生境特征、生物学特性、分布及原色图谱等相关内容。本书可作为农业、林业、园林、环保等相关专业的研究人员和管理人员的参考用书。由于采用了图文并茂的方式，本书可读性很强，也适合广大普通读者阅读。

三衢山喀斯特地貌原生态草本植物

徐正浩　陈中平　陈新建　季卫东　余黎红　李余新　著

责任编辑	徐素君
文字编辑	陈静毅
责任校对	王安安　蔡晓欢
封面设计	春天书装
出版发行	浙江大学出版社 （杭州天目山路148号　邮政编码：310007） （网址：http://www.zjupress.com）
排　　版	杭州林智广告有限公司
印　　刷	浙江海虹彩色印务有限公司
开　　本	889mm×1194mm　1/16
印　　张	14
字　　数	340千
版 印 次	2019年10月第1版　2019年10月第1次印刷
书　　号	ISBN 978-7-308-19631-4
定　　价	128.00元

浙江省科技特派员扶贫项目"石灰石矿区植被种质资源与生态修复(2017—2018)"

浙江省农业资源与环境重点实验室　　　　　　　　　　　　　　　　　　资助

中央高校基本科研业务费专项资金（2019FZJD007）

《三衢山喀斯特地貌原生态草本植物》作者名单

主要作者 徐正浩　浙江大学

　　　　　　　　浙江省衢州市常山县辉埠镇人民政府

　　　　　　　　浙江省湖州市农业科学研究院

　　　　　陈中平　浙江大学

　　　　　陈新建　浙江省衢州市常山县林业水利局

　　　　　季卫东　浙江省衢州市常山县农业农村局

　　　　　余黎红　浙江省衢州市常山县林业调查规划设计队

　　　　　李余新　浙江省衢州市常山县天马街道经济发展服务中心

联合作者 霍银斌　安徽禹皇土特产有限公司

　　　　　姚一帆　湖州新开元碎石有限公司

　　　　　姚金根　湖州新开元碎石有限公司

　　　　　徐越畅　浙江理工大学

　　　　　邹才超　湖州新开元碎石有限公司

　　　　　汪　洁　浙江省耕地质量与肥料管理总站

　　　　　张宏伟　浙江清凉峰国家级自然保护区管理局

　　　　　俞春莲　浙江省常山油茶研究所

　　　　　王昆喜　浙江省衢州市常山县油茶公园管理处

　　　　　徐婉婷　浙江省衢州市常山县油茶公园管理处

其他作者（按姓氏音序排列）

　　　　　柏　超　浙江省湖州市长兴县农业技术推广服务总站

　　　　　常　乐　浙江大学

　　　　　陈一君　浙江省种植业管理局

　　　　　代英超　浙江清凉峰国家级自然保护区管理局

　　　　　邓美华　浙江大学

　　　　　符　晶　浙江省常山油茶研究所

　　　　　顾哲丰　浙江大学

郭　静　浙江省衢州市常山县林业水利局

黄广远　浙江省常山油茶研究所

黄良华　浙江省衢州市常山县林业水利局

李　军　浙江省湖州市安吉县植保站

林加财　浙江省衢州市常山县农业农村局

刘生有　浙江省衢州市常山县林业水利局

吕　进　浙江省湖州市植物保护检疫站

吕俊飞　浙江大学

孟华兵　浙江省湖州市吴兴区农业技术推广服务中心

戚航英　浙江省诸暨市农业技术推广中心

任叶叶　浙江大学

孙　莉　浙江省湖州市南浔区农业技术推广服务中心

王仪春　浙江省湖州市植物保护检疫站

王玉猛　浙江省衢州市常山县农业农村局

肖忠湘　浙江大学

徐　武　浙江省衢州市常山县农业农村局

徐勇敢　浙江省衢州市常山县林业水利局

杨凤丽　浙江省湖州市德清县农业技术推广中心

余立芳　浙江省衢州市常山县林业水利局

张　滕　浙江大学

张冬勇　浙江省衢州市常山县油茶公园管理处

张勉一　浙江大学

张志慧　浙江省衢州市常山县农业农村局

朱丽青　浙江大学

诸茂龙　浙江省湖州市安吉县植保站

前　言

　　被子植物种系发生学组（APG）分类系统是基于植物分子系统发育规律的被子植物分类方法，已为科学界所认同。本书根据APG分类系统，介绍了浙江省衢州市常山县的三衢山石林景区喀斯特地貌的129种原生态草本植物。为了更好地介绍每种草本植物，本书根据APG分类系统，对48科的植物分类地位进行了较为详细的阐述，读者可了解APG分类系统的最新研究进展。

　　本书在利用APG分类系统进行原生态草本植物分类的基础上，对收录草本植物的形态学鉴别特征也进行了详细描述。每种草本植物都配有原色图谱，使从事相关研究的人士在了解APG分类系统的同时，更好地鉴别草本植物。

　　本书介绍的原生态草本植物是喀斯特地貌中的典型种类，能适应喀斯特地貌独特的生态环境条件，其中不乏喀斯特地貌中的特色草本物种。原生态草本植物与乔灌木共同构成了喀斯特地貌的植被系统，常在岩石生境等特色区块形成特异种群或优势种。

　　全书按科共分为48章。APG分类系统将以往植物分类系统的科、属和物种，按分子标记研究重新进行归类，形成基于分子信息研究的植物分类系统。本书介绍的与以往植物分类系统差异较大的科有凤尾蕨科（Pteridaceae）、里白科（Gleicheniaceae）、碗蕨科（Dennstaedtiaceae）、绣球科（Hydrangeaceae）、水龙骨科（Polypodiaceae）、忍冬科（Caprifoliaceae）、锦葵科（Malvaceae）、金丝桃科（Hypericaceae）等。

　　由于作者水平有限，著作中错误在所难免，敬请批评指正！

徐正浩

2019年2月于杭州

目　录

第1章

菊科 Asteraceae

菊科（Asteraceae）隶属菊目（Asterales），具1911属，含32913种。与兰科（Orchidaceae）共列为被子植物最大的两个科。绝大多数为草本，一些为灌木、攀缘植物和乔木。世界广布。

一些种具直根，但有时形成须根系。茎常分枝，覆盖直立、平卧至上升的毛。一些种具肉质或木质的地下茎或根茎。叶和茎时常具分泌腔，分泌树脂或乳胶，在菊苣亚科中尤为明显。叶互生、对生或轮生；单叶，常分裂或缺刻，折合或外卷；边缘全缘或浅裂或锯齿状。

菊科植物的头状花由小花群组成，常由舌状花和盘花组成。苞片或叶状苞花萼状，形成总苞。头状花序着生于花盘上。花盘边缘的花先成熟，中央的最迟。花瓣5片，稀4片。冠毛线状、毛状或刺状，着生于果实周围。舌状花具3片或2片裂片，条形。花冠3片裂片对面有2个小锯齿，可能由5片花瓣衍生而来，有时花冠2片裂片对面有3个小锯齿或无。一些种的舌状花花瓣具5片裂片。盘花辐射对称，外围绕舌状花。

辐射头状花序的盘花周边为舌状花所围。当盘状头状花序仅有不育盘花时，不育花兼有雄性或雌雄花。尽管盘状的头状花序只有盘花，但多数为雄花和雌花均有的头花，或为雄花头花或雌花头花。雌头状花序全为雌花。雄头状花序全为雄花。稀见的头状花序有，只含单花或只含单雌花的雌花头状花序，以及多花的雄花头状花序。

头状花序是压缩的总状花序，由许多无柄的花组成，称小花，具共同的花托。苞片形成总苞，围绕头状花序的基部。叶状苞也称总苞片。苞片类似假单花的萼片。苞片多数为草质，但也可具鲜艳色（如蜡菊属（*Helichrysum* Mill.））或干膜质质地。叶状苞分离或合生，组成多轮，呈复瓦状或不重叠。每朵小花可包在苞片中，称托苞。

5片花瓣基部合生，形成花冠管，辐射对称或两侧对称。盘花常两侧对称，5片花瓣位于花冠筒的边上。短花瓣更常见。舌状花多数为两侧对称，花瓣合生。紫菀亚科和其他小亚科中，舌状花常出现在头状花序的周围，呈现3+2结构，位于花冠筒之上，具3片长的合生花瓣，舌状，而其余2片不明显。菊苣亚科仅有舌状花，呈5+0结构，5片花瓣均呈舌状。刺菊木亚科呈4+1结构。裂片的上唇常具2个齿，每片代表1片花瓣。一些边花无花瓣，为丝状花。

花萼存在或缺如，但出现时，常退化为冠毛，具2个至多个齿、鳞片或刺，并时常出现在种子散开时。

雄蕊常5枚；花丝与花冠合生；花药合生，环绕花柱，呈管状；常具基生或顶生附属物。雌蕊含2个合生心皮。花柱2裂。柱头位于下表面或形成2个侧生列。子房下位，具1颗胚珠，基生胎座。

果实为瘦果。每室具1粒种子。种子具翅或刺状，由萼片产生，宿存。一些种，冠毛脱落（如向日葵属（*Helianthus* Linn.））。宿存瘦果是辨别属和种的依据。成熟种子胚乳少或缺。

1. 矮蒿 *Artemisia lancea* Van.

中文异名：野艾蒿、野艾、小叶艾、狭叶艾
拉丁文异名：*Artemisia lavandulaefolia* DC.
英文名：wild argy wormwood
分类地位：植物界（Plantae）
　　　　　被子植物门（Angiospermae）
　　　　　双子叶植物纲（Dicotyledoneae）
　　　　　菊目（Asterales）
　　　　　菊科（Asteraceae）
　　　　　蒿属（*Artemisia* Linn.）
　　　　　矮蒿（*Artemisia lancea* Van.）

形态学鉴别特征：多年生草本。茎、枝、叶背及总苞片被灰白色蛛丝状柔毛。主根明显，根茎稍粗。直立，具纵肋，多分枝，被密短毛。株高50~120cm。叶大型，具假托叶。下部叶有长柄。基部叶花期枯萎。中部叶长椭圆形，长5~8cm，宽3.5~5cm，二回羽状深裂，裂片1~3对，线状披针形，长3~6cm，宽7mm，先端渐尖，基部下延，边缘反卷，叶面被短毛及白色腺点，叶背密被灰白色棉毛，中脉凸起，无毛。上部叶片小，披针形，全缘。头状花序多数，具短梗及线形苞叶，下垂，着生于茎枝端，排列呈圆锥状。总苞矩圆形，径3mm，被蛛丝状毛，总苞片4层，外层较短，卵圆形，内层椭圆形。花管状，红褐色，均结实。缘花雌性，6~7朵。盘花两性，8~10朵。瘦果无毛。种子椭圆形，长不及1mm。

生物学特性：花果期7—10月。

生境特征：生于低海拔或中海拔地区的路旁、林缘、山坡、草地、山谷、灌丛等。在三衢山喀斯特地貌中习见，生于山甸、林下、草坡、低山坡等生境。

分布：中国华东、华中、华北、东北及陕西、甘肃等地有分布。日本、朝鲜、蒙古、俄罗斯等国也有分布。

矮蒿果序（徐正浩摄）

矮蒿成株（徐正浩摄）

矮蒿果期居群（徐正浩摄）

 ## 2. 白苞蒿 *Artemisia lactiflora* Wall. ex DC.

中文异名：鸭脚艾、白花蒿、广东刘寄奴、白花艾

英文名：white mugwort

分类地位：植物界（Plantae）

　　　　　　被子植物门（Angiospermae）

　　　　　　　双子叶植物纲（Dicotyledoneae）

　　　　　　　　菊目（Asterales）

　　　　　　　　　菊科（Asteraceae）

　　　　　　　　　　蒿属（*Artemisia* Linn.）

　　　　　　　　　　　白苞蒿（*Artemisia lactiflora* Wall. ex DC.）

形态学鉴别特征：多年生草本。主根明显，侧根细而长，根状茎短，径4~15mm。茎单生，直立，稀少数集生，绿褐色或深褐色，纵棱稍明显。上半部具开展、纤细、着生头状花序的分枝，枝长5~25cm。茎、枝初时微有稀疏、白色的蛛丝状柔毛，后脱落无毛。株高50~200cm。叶纸质，叶面初时有稀疏、不明显的腺毛状的短柔毛，叶背初时微有稀疏短柔毛，后脱落无毛。基生叶与茎下部叶宽卵形或长卵形，一回至二回羽状全裂，具长叶柄，花期枯萎。中部叶倒卵圆形或长卵形，长5.5~14.5cm，宽4.5~12cm，一回至二回羽状全裂，稀深裂，顶生裂片披针形，长1cm，边缘具不规则锯齿，先端尾尖或急尖，基部楔形，两面无毛，叶脉不明显，每侧有裂片3~5片，裂片或小裂片形状变化大，卵形、长卵形、倒卵形或椭圆形，基部与侧边中部裂片最大，长2~8cm，宽1~3cm，先端渐尖、长尖或钝尖，边缘常有细裂齿或锯齿或近全缘，中轴微有狭翅，叶柄长2~5cm，两侧有时有小裂齿，基部具细小的假托叶。上部叶与苞片叶略小，羽状深裂或全裂或不裂，边缘细锯齿，无柄。头状花序长圆形，径1.5~3mm，无梗，基部无小苞叶，在分枝的小枝上数个排成密穗状花序，在分枝上排成复穗状花序，而在茎上端组成开展或略开展的圆锥花序，稀为狭窄的圆锥花序。总苞钟状或卵形，径2mm。总苞片3~4层，半膜质或膜质，背面无毛，外层短小，卵形，中、内层长圆形、椭圆形或近倒卵状披针形，棕

白苞蒿基部叶片（徐正浩摄）

白苞蒿花序（徐正浩摄）

色。花管状，黄白色或白色，均结实。缘花雌性，3~6朵，花冠狭管状，檐部2齿裂，花柱细长，先端2叉，叉端钝尖。盘花两性，4~10朵，花冠管状，花药椭圆形，先端附属物尖，长三角形，基部圆钝，花柱近与花冠等长，先端2叉，叉端截形。瘦果圆柱形，无毛。种子倒卵形或倒卵状长圆形，褐色，具细条纹。

生物学特性：花果期8—12月。

生境特性：生于林下、林缘、灌丛边缘、山谷等湿润或略为干燥地区。在三衢山喀斯特地貌中习见，生于林下、山坡、岩石山地、林缘、溪边等生境。

分布：中国华东、中南等地有分布。越南、老挝、柬埔寨、新加坡、印度、印度尼西亚等国也有分布。

白苞蒿花期生境植株（徐正浩摄）

🌿 3. 白头婆 *Eupatorium japonicum* Thunb.

分类地位：植物界（Plantae）

被子植物门（Angiospermae）

双子叶植物纲（Dicotyledoneae）

菊目（Asterales）

菊科（Asteraceae）

泽兰属（*Eupatorium* Linn.）

白头婆（*Eupatorium japonicum* Thunb.）

形态学鉴别特征：多年生草本。株高50~200cm。根茎短，有多数细长侧根。茎直立，下部或至中部或全部淡紫红色，基部径达1.5cm，通常不分枝，或仅上部有伞房状花序分枝，全部茎枝被白色皱波状短柔毛，花序分枝上的毛较密，茎下部或全部花期脱毛或疏毛。叶对生，有叶柄，柄长1~2cm，质地稍厚。中部茎叶椭圆形、长椭圆形、卵状长椭圆形或披针形，长6~20cm，宽2~6.5cm，基部宽或狭楔形，顶端渐尖，羽状脉，侧脉7对，在叶背凸起。自中部向上及向下部的叶渐小，与茎中部叶同形，基部茎叶花期枯萎。全部茎叶两面粗涩，被皱波状长或短柔毛及黄色腺点，叶背沿脉及叶柄上的毛较密，边缘有粗或重粗锯齿。头状花序在茎顶或枝端排成紧密的伞房花序，花序径通常3~6cm，少有大型复伞房花序而花序径达20cm的。总苞钟状，长5~6mm，含5朵小花。总苞片覆瓦状排列，3层，外层极短，长1~2mm，披针形，中层及内层苞片渐长，长5~6mm，长椭圆形或长椭圆状披针形。全部苞片绿色或带紫红色，顶端钝或圆形。花白色或带红紫色或粉红色，花冠长5mm，外面有较稠密的黄色腺点。瘦果淡黑褐色，椭圆状，长3.5mm，具5棱，被多数黄色腺点，无毛。冠毛白色，长5mm。

生物学特性：花果期6—11月。

生境特性：生于山坡草地、密疏林下、灌丛中、水湿地及河岸水旁。在三衢山喀斯特地貌中习见，生于林下、山坡、岩石山地、林缘、溪边等生境。

分布：中国东北、华东、华中、华南、西南、华北等地有分布。日本、朝鲜也有分布。

白头婆茎叶（徐正浩摄）

白头婆花序（徐正浩摄）

白头婆花期生境植株（徐正浩摄）

4. 黄花蒿 *Artemisia annua* Linn.

中文异名：草蒿、臭蒿、黄香蒿、黄蒿、臭黄蒿

英文名：sweet wormwood, sweet annie, sweet sagewort, annual mugwort, annual wormwood

分类地位：植物界（Plantae）

被子植物门（Angiospermae）

双子叶植物纲（Dicotyledoneae）

菊目（Asterales）

菊科（Asteraceae）

蒿属（*Artemisia* Linn.）

黄花蒿（*Artemisia annua* Linn.）

形态学鉴别特征：一年生或二年生草本植物。主根纺锤状，侧根发达，多而密集。茎直立，有纵条，上部多分枝，无毛，全株有香味。株高40~150cm。叶淡黄绿色。基部叶和下部叶有柄，在花期枯萎。中部叶卵形，长4~5cm，宽2~4cm，二回至三回羽状深裂，叶轴两侧具狭翅，裂片及小裂片长圆形或卵形，先端尖，基部耳状，两面被柔毛，具短柄。上部叶小，常为1回羽状细裂，无柄。头状花序球形，淡黄色，径2mm，由多数头状花序排成圆锥状。总苞半球形，径1.5mm，无毛。总苞片2~3层，最外层狭椭圆形，绿色，革质，有狭膜质边缘，内层总苞片较宽，膜质，边缘叶宽。花管状，黄色，均结实。缘花4~8朵，雌性。盘花多数，两性。瘦果冠无毛。种子长圆形，长0.7mm，宽0.2mm，红褐色。

生物学特性：以幼苗或种子越冬。春秋出苗，以秋季出苗数量最多。花期8—10月，种子于9月渐次成熟。

生境特征：生于山坡、林缘、荒地、路边、田边。在三衢山喀斯特地貌中习见，生于林缘、林下、灌木丛、草坡、路边、岩石山地、山甸等生境，草地中常形成优势种群。

分布：几遍中国。亚洲其他国家、欧洲及北美洲也有分布。

黄花蒿渠期草地生境植株（徐正浩摄）

黄花蒿岩石生境植株（徐正浩摄）

5. 三脉紫菀 *Aster ageratoides* Turcz.

中文异名：三脉叶马兰

英文名：aster trinervius

分类地位：植物界（Plantae）

被子植物门（Angiospermae）

双子叶植物纲（Dicotyledoneae）

菊目（Asterales）

菊科（Asteraceae）

紫菀属（*Asters* Linn.）

三脉紫菀（*Aster ageratoides* Turcz.）

形态学鉴别特征： 多年生草本。根状茎粗壮。茎直立，有棱及沟，被柔毛或粗毛，基部光滑或有毛，上部有时曲折，有上升或开展的分枝。株高40~100cm。下部叶在花期枯落，宽卵状圆形，急狭成长柄。中部叶椭圆形、长圆状披针形或狭披针形，长5~15cm，宽1~5cm，中部以上急狭成楔形具宽翅的柄，顶端渐尖，边缘有3~7对浅或深锯齿。上部叶渐小，有浅齿或全缘。全部叶纸质，叶面被短糙毛，叶背被短柔毛或除叶脉外无毛，常有腺点，或两面被短茸毛而叶背沿脉有粗毛，有离基(有时长达7cm)三出脉，侧脉3~4对，网脉常显明。头状花序径1.5~2cm，排列成伞房状或圆锥伞房状，花序梗长0.5~3cm。总苞倒锥状或半球状，径4~10mm，长3~7mm。总苞片3层，覆瓦状排列，线状长圆形，下部近革质或干膜质，上部绿色或紫褐色，外层长达2mm，内层长4mm，有短缘毛。缘花舌状，具花10余朵，舌片线状长圆形，长达11mm，宽2mm，紫色、浅红色或白色。管状花黄色，长4.5~5.5mm，管部长1.5mm，裂片长1~2mm。花柱附片长达1mm。瘦果冠毛浅红褐色或污白色，长3~4mm。种子倒卵状长圆形，灰褐色，长2~2.5mm，有边肋，一面常有肋，被短粗毛。

生物学特性： 花果期7—11月。

生境特征： 生于林下、林缘、灌丛及山谷湿地。在三衢山喀斯特地貌中习见，生于林下、

三脉紫菀花（徐正浩摄）

三脉紫菀花期植株（徐正浩摄）

林缘、路边、岩石山地、灌木丛、山甸等生境，山地、林缘等有时形成优势种群。

分布：中国东北、华北、华东、华南、西南等地有分布。朝鲜、日本等国也有分布。

6. 天名精 *Carpesium abrotanoides* Linn.

分类地位：植物界（Plantae）

被子植物门（Angiospermae）

双子叶植物纲（Dicotyledoneae）

菊目（Asterales）

菊科（Asteraceae）

天名精属（*Carpesium* Linn.）

天名精（*Carpesium abrotanoides* Linn.）

形态学鉴别特征：多年生粗壮草本。侧根发达。茎直立，圆柱形，下部木质，近无毛，上部密被短柔毛，有明显的纵条纹，多分枝，2叉状。株高30~90cm。基生叶花前凋萎。茎下部叶广椭圆形或长椭圆形，长8~16cm，宽4~7cm，先端钝或锐尖，基部楔形，边缘具不规则的钝齿，齿端有腺体状胼胝体，叶面深绿色，叶背淡绿色，密被柔毛，有细小腺点，叶柄长5~15mm，密被短柔毛。茎上部叶长椭圆形或椭圆状披针形，先端渐尖或急尖，基部宽楔形，无柄或具短柄。头状花序多数，生于茎端及沿茎、枝一侧着生于叶腋。着生于茎端及枝端者具椭圆形或披针形长6~15mm的苞叶2~4片，腋生头状花序无苞叶或具1~2片苞叶。总苞钟球形，径6~8mm，苞片3层，外层卵圆形，膜质或先端草质，具缘毛，背面被柔毛，内层长圆形。花全为管状，黄色。缘花1至多层，雌性，结实。盘花顶端5齿裂，两性，结实。瘦果长3.5mm，顶端有短喙，无冠毛。

生物学特性：花果期6—10月。

生境特征：生于路边荒地、村旁空旷地、溪边、林缘。在三衢山喀斯特地貌中习见，生于岩石山地、路边、山坡、疏灌木丛等生境，路边、岩石山地常形成优势种。

分布：中国华东、华中、华南、西南以及河北、陕西等地有分布。日本、朝鲜、越南、缅甸、伊朗也有分布。

天名精花（徐正浩摄）

天名精苗（徐正浩摄）

天名精花期植株（徐正浩摄）

7. 烟管头草 *Carpesium cernuum* Linn.

中文异名：杓儿菜、烟袋草

分类地位：植物界（Plantae）

被子植物门（Angiospermae）

双子叶植物纲（Dicotyledoneae）

菊目（Asterales）

菊科（Asteraceae）

天名精属（*Carpesium* Linn.）

烟管头草（*Carpesium cernuum* Linn.）

形态学鉴别特征：多年生草本。主根不明显，侧根发达。茎直立，粗壮，多分枝，下部密被白色长柔毛及卷曲柔毛，上部被疏柔毛，后渐脱落稀疏，有明显纵条纹。株高50~80cm。基生叶开花前凋萎，稀宿存。茎下部叶较大，长椭圆形或匙状长椭圆形，长6~12cm，宽4~6cm，先端锐尖或钝，基部长渐狭，下延成有翅的长柄，全缘或有波状齿，叶面被稍密的倒伏柔毛，叶背被白色长柔毛，沿叶脉较密，在中肋及叶柄上常密集成柔毛状，两面均有腺点。中部叶椭圆形至长椭圆形，长8~11cm，宽3~4cm，先端渐尖或急尖，基部楔形，具短柄。上部叶椭圆形至椭圆状披针形，近全缘。头状花序单生于茎枝端，向下弯垂，径1.5~1.8cm，基部有叶状苞。总苞片4层，外层苞片叶状，披针形，草质或基部干膜质，密被长柔毛，先端钝，通常反折。中层及内层苞片长圆形至线形，干膜质，先端钝，有不规则微齿。花全为管状。缘花黄色，中部较宽，两端稍收缩，雌性，结实。盘花顶端5齿裂，两性，结实。瘦果线形，多棱，两端稍狭，上端顶部具黏汁。

生物学特性：花果期7—10月。

生境特征：生于路边荒地、山坡、沟边等处。在三衢山喀斯特地貌中习见，生于路边、岩石山地、石缝、草地、山甸等生境，石缝、路边常形成优势种群。

烟管头草花（徐正浩摄）

烟管头草花序（徐正浩摄）

分布：中国东北、华北、华中、华东、华南、西南及陕西、甘肃等地有分布。朝鲜、日本以及欧洲也有分布。

烟管头草草地生境植株（徐正浩摄）

🌿 8. 野菊 *Chrysanthemum indicum* Linn.

拉丁文异名：*Dendranthema indicum* (Linn.) Des Moul.

中文异名：山菊花

英文名：Indian chrysanthemum, parthemum, wild chrysanthemum, wild chrysanthemum flower

分类地位：植物界（Plantae）

被子植物门（Angiospermae）

双子叶植物纲（Dicotyledoneae）

菊目（Asterales）

菊科（Asteraceae）

菊属（*Chrysanthemum* Linn.）

野菊（*Chrysanthemum indicum* Linn.）

形态学鉴别特征：多年生草本。具地下匍匐茎。茎直立，基部常匍匐或斜生，上部分枝，有棱角，被细柔毛。株高25~100cm。叶互生。基生叶在花期脱落。中部茎生叶卵形或长圆状卵形，长3~9cm，宽1.5~5cm，羽状深裂，顶裂片大，侧裂片常2对，卵形或长圆形，全部裂

野菊花（徐正浩摄）

野菊苗（徐正浩摄）

野菊花蕾期植株（徐正浩摄）

片边缘浅裂或有锯齿。上部叶渐小。全部叶面有腺体及疏柔毛，深绿色，叶背毛较多，灰绿色，基部渐狭成有翅的叶柄，假托叶有锯齿。头状花序径1.5~2.5cm，在枝顶排成伞房状圆锥花序或不规则的伞房花序。总苞半球形。总苞片4层，外层卵形或卵状三角形，中层卵形，内层长椭圆形，全部苞片边缘膜质，外层较狭窄，膜质边缘向内逐渐变宽，外层总苞片背面中部有柔毛，外层总苞片稍短于内层。缘花舌状，黄色，雌性，舌片长5mm。盘花管状，两性。瘦果全部同型，无冠毛。种子倒卵形，稍扁压，无毛，有光泽，黑色，有数条纵细肋。

生物学特性：花期6—11月。

生境特征：生于山坡草地、灌丛、河边水湿地、滨海盐渍地、田边及路旁。在三衢山喀斯特地貌中为优势种，生于石缝、山地、灌木丛、林缘、林下、路边、山甸等，在石缝、灌木丛等生境常形成优势种群。

分布：几遍中国。印度、日本、朝鲜、俄罗斯等国也有分布。

9. 尖裂假还阳参 *Crepidiastrum sonchifolium* (Maxim.) Pak et Kawano

中文异名：抱茎小苦荬、抱茎苦荬菜

拉丁文异名：*Ixeridium sonchifolium* (Maxim.) Shih

英文名：sowthistle-leaf ixeris, sow thistle

分类地位：植物界（Plantae）

被子植物门（Angiospermae）

双子叶植物纲（Dicotyledoneae）

菊目（Asterales）

菊科（Asteraceae）

假还阳参属（*Crepidiastrum* Nakai）

尖裂假还阳参（*Crepidiastrum sonchifolium*（Maxim.）Pak et Kawano）

形态学鉴别特征：多年生草本，高15~60cm。根垂直直伸，不分枝或分枝。根状茎极短。茎单生，直立，基部径1~4mm，上部伞房花序状或伞房圆锥花序状分枝，全部茎枝无毛。基生叶莲座状、匙形、长倒披针形或长椭圆形，包括基部渐狭的宽翼柄长3~15cm，宽1~3cm，或不分裂，边缘有锯齿，顶端圆形或急尖，或大头羽状深裂，顶裂片大，近圆形、椭圆形或卵状椭圆形，顶端圆形或急尖，边缘有锯齿，侧裂片3~7对，半椭圆形、三角形或线形，边缘有小锯齿；中下部叶长椭圆形、匙状椭圆形、倒披针形或披针形，与基生叶等大或较小，羽状浅裂或半裂，极少大头羽状分裂，向基部扩大，心形或耳状抱茎；上部叶及接花序分枝处的叶心状披针形，边缘全缘，极少有锯齿或尖锯齿，顶端渐尖，向基部心形或圆耳状扩大抱茎。全部叶两面无毛。头状花序多数或少数，在茎枝顶端排成伞房花序或伞房圆锥花序，含舌状小花17朵。总苞圆柱形，长5~6mm。总苞片3层，外层及最外层短，卵形或长卵形，长1~3mm，宽

0.3~0.5mm，顶端急尖，内层长披针形，长5~6mm，宽1mm，顶端急尖，全部总苞片外面无毛。舌状小花黄色。瘦果黑色，纺锤形，长2mm，宽0.5mm，有10条高起的钝肋，上部沿肋有上指的小刺毛，向上渐尖成细喙，喙细丝状，长0.8mm。冠毛白色，微糙毛状，长3mm。

生物学特性：花期6—7月，果期7—8月。

尖裂假还阳参山地生境植株（徐正浩摄）

尖裂假还阳参花期灌草丛生境植株（徐正浩摄）

尖裂假还阳参花期岩石生境植株（徐正浩摄）

生境特征：生于山坡或平原路旁、林下、河滩地、岩石上。在三衢山喀斯特地貌中为优势种，生于岩石山地、石缝、山坡、草坡、路边、林下、灌木丛、林缘、草甸等，在岩石山地、石缝、路边等生境常形成优势种群。

分布：几遍中国。朝鲜、俄罗斯等国也有分布。

10. 千里光 *Senecio scandens* Buch.-Ham. ex D. Don

中文异名：九里明、蔓黄菀

英文名：yellow German ivy

分类地位：植物界（Plantae）

被子植物门（Angiospermae）

双子叶植物纲（Dicotyledoneae）

菊目（Asterales）

菊科（Asteraceae）

千里光属（*Senecio* Linn.）

千里光（*Senecio scandens* Buch.-Ham. ex D. Don）

形态学鉴别特征：多年生攀缘草本，根状茎木质，粗，径达1.5cm。茎伸长，弯曲，长2~5m，多分枝，被柔毛或无毛，老时变木质，皮淡色。叶具柄，叶片卵状披针形至长三角形，长2.5~12cm，宽2~4.5cm，顶端渐尖，基部宽楔形、截形或戟形，稀心形，通常具浅或深齿，稀全缘，有时具细裂或羽状浅裂，至少向基部具1~3对较小的侧裂片，两面被短柔毛至无毛。羽状脉，侧脉7~9对，弧状，叶脉明显。叶柄长0.5~2cm，具柔毛或

千里光茎叶（徐正浩摄）

千里光花（徐正浩摄）

千里光果实和冠毛（徐正浩摄）

近无毛，无耳或基部有小耳。上部叶变小，披针形或线状披针形，长渐尖。头状花序有舌状花，多数，在茎枝端排列成顶生复聚伞圆锥花序。分枝和花序梗被密至疏短柔毛。花序梗长1~2cm，具苞片，小苞片通常1~10片，线状钻形。总苞圆柱状钟形，长5~8mm，宽3~6mm，具外层苞片。苞片8片，线状钻形，长2~3mm。总苞片12~13片，线状披针形，渐尖，上端和上部边缘有缘毛状短柔毛，草质，边缘宽干膜质，背面有短柔毛或无毛，具3条脉。舌状花8~10朵，管部长4.5mm。舌片黄色，长圆形，长9~10mm，宽2mm，钝，具3个细齿，具4条脉。管状花多数。花冠黄色，长7.5mm，管部长3.5mm，檐部漏斗状。裂片卵状长圆形，尖，上端有乳头状毛。花药长2.3mm，基部有钝耳。耳长为花药颈部1/7。附片卵状披针形。花药颈部伸长，向基部略膨大。花柱分枝长1.8mm，顶端截形，有乳头状毛。瘦果圆柱形，长3mm，被柔毛。冠毛白色，长7.5mm。

生物学特性：花果期9—11月。

生境特征：常生于山坡、林缘、疏林下、草丛、灌丛、路旁、沟边、田边等，攀缘于灌木、岩石上或溪边。

分布：中国华东、华中、华南、西南以及陕西等地有分布。印度、尼泊尔、不丹、缅甸、泰国、菲律宾和日本等国家也有分布。

11. 豨莶 *Siegesbeckia orientalis* Linn.

中文异名：虾柑草、黏糊菜
英文名：eastern St Paul's-wort, common St. Paul's wort
分类地位：植物界（Plantae）
　　　　　　　被子植物门（Angiospermae）
　　　　　　　　双子叶植物纲（Dicotyledoneae）
　　　　　　　　　菊目（Asterales）
　　　　　　　　　　菊科（Asteraceae）
　　　　　　　　　　　豨莶属（*Siegesbeckia* Linn.）
　　　　　　　　　　　　豨莶（*Siegesbeckia orientalis* Linn.）

形态学鉴别特征：一年生草本。茎直立，高30~100cm，分枝斜生，上部的分枝常成复二歧状，全部分枝被灰白色短柔毛。基部叶在花期枯萎；中部叶三角状卵圆形或卵状披针形，长4~10cm，宽1.8~6.5cm，基部阔楔形，下延成具翼的柄，顶端渐尖，边缘有规则的浅裂或粗齿，纸质，叶面绿色，叶背淡绿色，具腺点，两面被毛，三出基脉，侧脉及网脉明显；上部叶渐小，卵状长圆形，边缘浅波状或全缘，近无柄。头状花序径15~20mm，多数聚生于枝端，排列成具叶的圆锥花序。花梗长1.5~4cm，密生短柔毛。总苞阔钟状。总苞片2层，叶质，背面被紫褐色头状具柄的腺毛。外层苞片5~6片，线状匙形或匙形，开展，长8~11mm，宽1.2mm。内层苞片卵状长圆形或卵圆形，长5mm，宽1.5~2.2mm。外层托片长圆形，内弯，内层托片

稀莶茎叶（徐正浩摄）

稀莶花期生境植株（徐正浩摄）

倒卵状长圆形。花黄色。雌花花冠的管部长0.7mm。两性管状花上部钟状，上端有4~5片卵圆形裂片。瘦果倒卵圆形，有4棱，顶端有灰褐色环状突起，长3~3.5mm，宽1~1.5mm。

生物学特性：花期4—9月，果期6—11月。

生境特征：生于山野、荒草地、灌丛、林缘及林下，也常见于耕地中。在三衢山喀斯特地貌中生于草丛、山地、路边、山甸等生境。

分布：中国各地有分布。还广布于朝鲜、日本，以及东南亚、欧洲、北美洲等地。

稀莶山地生境植株（徐正浩摄）

12. 蒲儿根 *Sinosenecio oldhamianus* (Maxim.) B. Nord.

中文异名：野麻叶、肥猪苗、黄菊莲
分类地位：植物界（Plantae）
　　　　　　被子植物门（Angiospermae）
　　　　　　双子叶植物纲（Dicotyledoneae）
　　　　　　菊目（Asterales）
　　　　　　菊科（Asteraceae）
　　　　　　蒲儿根属（*Sinosenecio* B. Nord.）
　　　　　　蒲儿根（*Sinosenecio oldhamianus*（Maxim.）B. Nord.）

形态学鉴别特征：多年生或二年生茎叶草本。根状茎木质，粗，具多数纤维状根。茎单生，或有时数个，直立，高40~80cm或更高，基部径4~5mm，不分枝，被白色蛛丝状毛及疏长柔毛，或多少脱毛至近无毛。基部叶在花期凋落，具长叶柄；下部叶具柄，叶片卵状圆形或近圆形，长3~8cm，宽3~6cm，顶端尖或渐尖，基部心形，边缘具浅至深重齿或重锯齿，齿端具

蒲儿根花期草地生境植株（徐正浩摄）　　　　　蒲儿根花期山地生境植株（徐正浩摄）

小尖，膜质，叶面绿色，被疏蛛丝状毛至近无毛，叶背被白蛛丝状毛，有时或多或少脱毛，掌状5脉，叶脉在两面明显，叶柄长3~6cm，被白色蛛丝状毛，基部稍扩大；上部叶渐小，叶片卵形或卵状三角形，基部楔形，具短柄；最上部叶卵形或卵状披针形。头状花序多数排列成顶生复伞房状花序，花序梗细，长1.5~3cm，被疏柔毛，基部通常具1片线形苞片。总苞宽钟状，长3~4mm，宽2.5~4mm，无外层苞片。总苞片13片，1层，长圆状披针形，宽1mm，顶端渐尖，紫色，草质，具膜质边缘，外面被白色蛛丝状毛或短柔毛至无毛。舌状花13朵，管部长2~2.5mm，无毛，舌片黄色，长圆形，长8~9mm，宽1.5~2mm，顶端钝，具3个细齿、4条脉。管状花多数，花冠黄色，长3~3.5mm，管部长1.5~1.8mm。裂片卵状长圆形，长1mm，顶端尖。花药长圆形，长0.8~0.9mm，基部钝，附片卵状长圆形。花柱分枝外弯，长0.5mm，顶端截形，被乳头状毛。瘦果圆柱形，长1.5mm，舌状花瘦果无毛，在管状花被短柔毛。冠毛在舌状花缺，管状花冠毛白色，长3~3.5mm。

生物学特性：花期1—12月。

生境特征：生于林缘、溪边、潮湿岩石边、草坡、田边等。在三衢山喀斯特地貌中生于山地、岩石阴湿处、路边、山甸等生境。

分布：中国华东、西南及陕西、甘肃等地有分布。越南、缅甸也有分布。

13. 刺儿菜 *Cirsium setosum* (Willd.) MB.

中文异名：刺刺芽

英文名：little thistle

分类地位：植物界（Plantae）

　　　　　被子植物门（Angiospermae）

　　　　　双子叶植物纲（Dicotyledoneae）

　　　　　菊目（Asterales）

　　　　　菊科（Asteraceae）

菊科 Asteraceae | 第1章

蓟属（*Cirsium* Mill. emend. Scop.）
刺儿菜（*Cirsium setosum*（Willd.）MB.）

　　形态学鉴别特征：多年生草本。具长匍匐根，先垂直向下生长，以后横长。茎直立，无毛或被蛛丝状毛，上部有分枝，花序分枝无毛或有薄茸毛。株高20~40cm。叶互生，无柄，边缘具刺状齿。基生叶早落，与茎生叶同形。茎生叶椭圆形、长椭圆形或椭圆状披针形，长7~10cm，宽1.5~2.5cm，先端钝或圆，基部楔形，近全缘或具疏锯齿，两面绿色，被白色蛛丝状毛。头状花序直立，雌雄异株。雄花序较小，总苞长18mm。雌花序总苞长25mm，单生于茎端或在枝端排成伞房状。总苞卵形、长卵形或卵圆形，径1.5~2cm。总苞片6层，覆瓦状排列，向内层渐长，外层的甚短，长椭圆状披针形，中层以内的披针形，先端长尖，有刺。花管状，紫红色或白色，雄花花冠长1.8cm，雌花花冠长2.4cm。瘦果冠毛羽状，污白色，通常长于花冠，整体脱落。种子椭圆形或长卵形，略扁，表面浅黄色至褐色，有波状横皱纹，每面具1条明显纵脊。

　　生物学特性：花果期5—9月。

　　生境特征：生于山坡、河旁、荒地或田间。在三衢山喀斯特地貌中生于山坡、草地、山坳、路边、矮灌木丛、岩石山地等生境。

　　分布：几遍中国。日本、朝鲜、蒙古以及欧洲也有分布。

刺儿菜花序（徐正浩摄）

刺儿菜果实（徐正浩摄）

刺儿菜灌草丛居群（徐正浩摄）

14. 蓟　*Cirsium japonicum* Fisch. ex DC.

中文异名：大蓟、虎蓟、刺蓟

英文名：Japanese thistle herb, Japanese thistle root

分类地位：植物界（Plantae）

被子植物门（Angiospermae）

双子叶植物纲（Dicotyledoneae）

菊目（Asterales）

菊科（Asteraceae）

蓟属（*Cirsium* Mill. emend. Scop.）

蓟（*Cirsium japonicum* Fisch. ex DC.）

　　形态学鉴别特征：多年生草本。全体被稠密或稀疏的长多节毛。根簇生，圆锥形，长5~15cm，径0.2~0.6cm，肉质，常簇生而扭曲，表面棕褐色，有不规则的纵皱纹，质硬而脆，易折断。茎直立，分枝或不分枝，有细纵纹，基部有白色丝状毛。株高30~80cm。基生叶在花期存在，丛生，卵形、长倒卵状椭圆形、长椭圆形或倒卵状披针形，长8~30cm，宽2.5~10cm，羽状深裂或几全裂，裂片5~6对，边缘齿状，齿端具针刺，基部下延成翼柄，叶面疏生白丝状毛，叶背脉上有长毛，具柄。茎生叶互生，长圆形，羽状深裂，裂片和裂齿顶端有针刺，基部心形，抱茎。上部叶片较小。头状花序球形，顶生或腋生。总苞钟状，外被蛛丝状毛，径3cm。总苞片4~6层，覆瓦状排列，外层较短，披针形，先端长渐尖，有短刺。花全为管状，紫色，顶端不等5浅裂，两性，结实，花药顶端有附片，基部有尾。瘦果冠毛多层，羽状，暗灰色，基部联合成环，较花冠短，整体脱落。

蓟茎叶（徐正浩摄）

蓟叶缺刻（徐正浩摄）

蓟苗期生境植株（徐正浩摄）

种子压扁，偏斜楔状倒披针形，有光泽，具不明显的5棱，顶端斜截形。

生物学特性：花期5—8月，果期6—8月。

生境特征：生于田边、荒地或旷野。在三衢山喀斯特地貌中生于山地、草地、山坡、灌木丛、石缝、山甸、路边等生境，在疏林山地常形成优势种群。

分布：中国大部分地区有分布。日本、朝鲜也有分布。

15. 蒲公英 *Taraxacum mongolicum* Hand.-Mazz.

中文异名：蒲公草、黄花地丁、婆婆丁

英文名：mongolian dandelion

分类地位：植物界（Plantae）

被子植物门（Angiospermae）

双子叶植物纲（Dicotyledoneae）

菊目（Asterales）

菊科（Asteraceae）

蒲公英属（*Taraxacum* F. H. Wigg）

蒲公英（*Taraxacum mongolicum* Hand.-Mazz.）

形态学鉴别特征：多年生草本。根肥大，圆柱形，黑褐色。茎短缩。株高10~20cm。叶基生，莲座状开展，宽倒卵状披针形或倒披针形，长5~12cm，宽1~2.5cm，先端钝或急尖，基部渐狭，边缘具细齿，大头羽状分裂或羽裂，裂片三角形，侧裂片3~5对，全缘或有齿，裂片间常夹生小齿，两面疏被蛛丝状毛或无毛。叶脉羽状，中脉明显。叶柄具翅，长1~1.5cm，被蛛丝状柔毛。花葶自叶丛间抽出，直立，与叶等长或比叶稍长，中空，上部紫黑色，密被白色蛛丝状长柔毛。头状花序单生，径3~3.5cm。总苞钟形。总苞片2~3层，革质，外层总苞片卵状披针形至披针形，先端背部具小角状突起，边缘具窄膜质，内层呈长圆状线形，先端紫红色。花全为舌状，多数，鲜黄色。瘦果长椭圆形。种子先端有长喙，暗褐色，有纵棱与横瘤，中部以上的横瘤有刺状突起，喙长8mm，冠毛白色，刚毛状，呈伞形。

生物学特性：花果期3—7月。

生境特征：生于路边、耕地、田野及草地。在三衢山喀斯特地貌中习见，生于草地、山甸、路边、岩石山地、石缝等。

分布：几遍中国。朝鲜、蒙古、俄罗斯也有分布。

蒲公英基生叶（徐正浩摄）

蒲公英花（徐正浩摄）

蒲公英花期植株（徐正浩摄）

16. 苦荬菜 *Ixeris polycephala* Cass.

中文异名：多头苦荬菜、多头莴苣

分类地位：植物界（Plantae）

　　　　被子植物门（Angiospermae）

　　　　　双子叶植物纲（Dicotyledoneae）

　　　　　　菊目（Asterales）

　　　　　　　菊科（Asteraceae）

　　　　　　　　苦荬菜属（*Ixeris* Cass.）

　　　　　　　　苦荬菜（*Ixeris polycephala* Cass.）

形态学鉴别特征：一年生或二年生草本。主根伸长，黄褐色。茎直立，通常自基部分枝。株高15~30cm。基生叶线状披针形，长6~25cm，宽0.5~1.5cm，先端渐尖，基部楔形下延，全缘，稀羽状分裂，叶脉羽状，具短柄。茎生叶宽披针形或披针形，长6~12cm，宽0.7~1.3cm，先端渐尖，基部箭形抱茎，全缘或具疏齿，无柄。头状花序具柄，密集，排列成伞房状或近伞形状。总花序梗纤细，长0.5~1.5cm。总苞在花期钟形，在果期呈坛状，长0.6~0.8cm，宽0.3~0.4cm。总苞片2层，外层总苞片5片，长1mm，内层总苞片8片，卵状披针形或披针形，长0.6~0.8cm，先端渐尖，边缘膜质。花全为舌状，黄色，舌片长0.5cm，顶端5齿裂。果实纺锤形。种子长0.3cm，黄棕色，具10条翼棱，棱间沟较深而棱锐，具细长喙，喙长1.5mm，冠毛白色，长0.4cm，刚毛状。

生物学特性：花期3—5月，果期5—8月。

生境特性：生于田间、路旁及山坡草地。在三衢山喀斯特地貌中习见，生于山地、草地、山坡、路边、林下、灌木丛、石缝等生境。

分布：中国华东、华中、华南及西南等地有分布。日本、朝鲜、印度也有分布。

苦荬菜叶（徐正浩摄）

苦荬菜花（徐正浩摄）

苦荬菜果实（徐正浩摄）

第2章

报春花科 Primulaceae

报春花科（Primulaceae）隶属杜鹃花目（Ericales），具53属，含2790种。广义的报春花科包括了以往植物分类系统的紫金牛科（Myrsinaceae）和西喔勿拉科（Theophrastaceae）。常为多年生草本、木本植物，其中一些为一年生，如琉璃繁缕（*Anagallis arvensis* Linn.）。

1. 过路黄 *Lysimachia christinae* Hance

中文异名：铺地莲

英文名：Christina loosestrife

分类地位：植物界（Plantae）

被子植物门（Angiospermae）

双子叶植物纲（Dicotyledoneae）

杜鹃花目（Ericales）

报春花科（Primulaceae）

珍珠菜属（*Lysimachia* Linn.）

过路黄（*Lysimachia christinae* Hance）

形态学鉴别特征：多年生匍匐草本。全株无毛或疏生柔毛。茎柔弱，匍匐延伸，长20~60cm，无毛或被疏毛，幼嫩部分密被褐色无柄腺体，下部节间较短，节上生不定根，中部节间长1.5~10cm。叶对生，卵圆形、近圆形至肾圆形，长1.5~8cm，宽1~6cm，先端锐尖，稀

过路黄花（徐正浩摄）

过路黄生境植株（徐正浩摄）

圆钝，基部截形至浅心形，稍厚，密布透明腺条，干时腺条变黑色，两面无毛或密被糙伏毛。叶柄长1~3cm，无毛或被毛。花单生于叶腋。花梗长1~5cm，通常不超过叶长。萼5深裂，裂片倒披针形或匙形，长5~7mm，先端锐尖或稍钝，无毛或仅边缘具毛。花冠黄色，长7~15mm，基部2~4mm合生，裂片狭卵形或近披针形，先端锐尖或钝，稍厚，具黑色长腺条。雄蕊长6~7mm，中部合生成狭筒，外具糠秕状腺体，花药卵圆形，长1~1.5mm，花粉粒具3个孔沟，近球形，表面具网状纹饰。子房球形，花柱略长于雄蕊，长6~8mm。蒴果球形，径4~5mm，无毛，有稀疏黑色腺条，瓣裂。种子细小，径0.1~0.2mm。

生物学特性：花期5—7月，果期7—10月。

生境特征：生于山坡、路旁较阴湿处。在三衢山喀斯特地貌中习见，生于草地、路边、山甸、山坡等生境。

分布：中国华东、华中、华南、西南及陕西等地有分布。日本也有分布。

第3章

禾本科 Poaceae

禾本科（Poaceae）隶属禾本目（Poales），具771属，含12000余种，是单子叶植物第二大科，为被子植物第五大科。

禾本科植物为一年生或多年生草本。茎常圆柱形，稀扁平和三角状，中空，具节，节上生叶。叶互生，呈2列，具平行脉。叶分化为紧抱茎的叶鞘和叶身，边缘全缘。叶片和叶鞘结合部生叶舌。小穗具1朵花或多朵花，组合成圆锥状或穗状花序。小穗轴上着生小花。小穗含2个或1个苞片，称为颖。小花由外层苞片（称为外稃）以及内层苞片（称为内稃）所包裹。常雌雄同体，玉米（Zea mays Linn.）除外，为风媒授粉。花被退化为2个颖片，成为浆片。浆片扩张和收缩能伸展外稃和内稃。果实为颖果，种衣与果壁融合。

1. 白茅 *Imperata cylindrica* (Linn.) Beauv.

中文异名：茅草、茅针、茅根、丝茅

英文名：cogongrass, cogon grass, kunai grass, blady grass, cotton wool grass, Japanese bloodgrass

分类地位：植物界（Plantae）

被子植物门（Angiospermae）

单子叶植物纲（Monocotyledoneae）

鸭跖草分支（Commelinids）

禾本目（Poales）

禾本科（Poaceae）

白茅属（*Imperata* Cyrillo）

白茅（*Imperata cylindrica*（Linn.）Beauv.）

形态学鉴别特征：多年生草本。根茎密生鳞片。秆丛生，直立，具2~3节，节上具长4~10mm的柔毛。株高25~70cm。叶线形或线状披针形，扁平，长5~60cm，宽2~8mm，先端渐尖，基部渐狭，叶背及边缘粗糙，主脉在叶背明显突出，渐向基部变粗而质硬。叶鞘无毛，老时在基部常破碎，呈纤维状，或上部及边缘和鞘口有纤毛。叶舌膜质，长1mm。圆锥花序圆柱状，长5~20cm，宽1.5~3cm，分枝短缩密集，基部有时疏松或间断。小穗披针形或长圆形，长3~4mm，基部密生长10~15mm的丝状柔毛。第1颖狭，具3~4条脉。第2颖宽，具4~6条脉。第

白茅果实（徐正浩摄）

白茅果期山甸生境优势种群（徐正浩摄）

1外稃卵状长圆形，长1.5mm，先端钝。第2外稃披针形，长1.2mm，先端尖。内稃长1.2mm，宽1.5mm。雄蕊2枚，花药黄色，长3mm。柱头2个，黑紫色。带稃颖果基部密生长7.8~12mm的白色丝状柔毛。种子细小，长0.5~1.5mm。

生物学特性：花果期7—9月。抗逆性强，喜光，耐阴，耐瘠薄，耐旱，喜湿润疏松土壤。在适宜的条件下，根状茎可长达3m以上，能穿透树根，断节再生能力强。

生境特性：生于路旁、田边、旷野草丛。在三衢山喀斯特地貌中习见，生于草地、绿化带、山地、路边、山坡等生境，在草地、路边等生境常形成优势种群。

分布：中国各地有分布。遍布亚洲温带、亚热带和热带地区，东非及大洋洲等地也有分布。

 2. 荩草 *Arthraxon hispidus* (Thunb.) Makino

中文异名：绿竹

英文名：small carpetgrass, hairy jointgrass

分类地位：植物界（Plantae）

被子植物门（Angiospermae）

单子叶植物纲（Monocotyledoneae）

鸭跖草分支（Commelinids）

禾本目（Poales）

禾本科（Poaceae）

荩草属（*Arthraxon* Beauv.）

荩草（*Arthraxon hispidus*（Thunb.）Makino）

形态学鉴别特征：一年生草本。秆细弱，无毛，基部倾斜，高30~60cm，具多节，常分枝，基部节着地易生根。叶鞘短于节间，生短硬疣毛。叶舌膜质，长0.5~1mm，边缘具纤毛。叶片卵状披针形，长2~4cm，宽0.8~1.5cm，基部心形，抱茎，除下部边缘生疣基毛外余均无毛。总状花序细弱，长1.5~4cm，2~10个呈指状排列或簇生于秆顶。总状花序轴节间无毛，长为小穗

荩草叶序（徐正浩摄）

荩草成株（徐正浩摄）

荩草草地生境植株（徐正浩摄）

荩草居群（徐正浩摄）

的2/3~3/4。无柄小穗卵状披针形，呈两侧压扁，长3~5mm，灰绿色或带紫色。第1颖草质，边缘膜质，包住第2颖的2/3，具7~9条脉，脉上粗糙至生疣基硬毛，尤以顶端及边缘为多，先端锐尖。第2颖近膜质，与第1颖等长，舟形，脊上粗糙，具3条脉，而2条侧脉不明显，先端尖。第1外稃长圆形，透明膜质，先端尖，长为第1颖的2/3。第2外稃与第1外稃等长，透明膜质，近基部伸出1条膝曲的芒。芒长6~9mm。雄蕊2枚。花药黄色或带紫色，长0.7~1mm。颖果长圆形，与稃体等长。有柄小穗退化，柄长0.2~1mm。

生物学特性：花果期9—11月。

生境特征：生于山坡草地阴湿处。在三衢山喀斯特地貌中习见，生于路边、林下、草坡、岩石山地等生境。

分布：遍布中国温暖区域。

3. 细柄草 *Capillipedium parviflorum* (R. Br.) Stapf.

中文异名：吊丝草、硬骨草

分类地位：植物界（Plantae）

被子植物门（Angiospermae）

单子叶植物纲（Monocotyledoneae）

鸭跖草分支（Commelinids）

禾本目（Poales）

禾本科（Poaceae）

细柄草属（*Capillipedium* Stapf）

细柄草（*Capillipedium parviflorum*（R. Br.）Stapf.）

形态学鉴别特征：多年生，簇生草本。秆直立或基部稍倾斜，高50~100cm，不分枝或具直立、贴生的分枝。叶鞘无毛或有毛。叶舌干膜质，长0.5~1mm，边缘具短纤毛。叶片线形，长15~30cm，宽3~8mm，顶端长渐尖，基部收窄，近圆形，两面无毛或被糙毛。圆锥花序长圆形，长7~10cm，近基部宽2~5cm，分枝簇生，具一回至二回小枝，纤细光滑无毛，枝腋间具细柔毛，小枝为具1~3个节的总状花序，总状花序轴节间与小穗柄长为无柄小穗之半，边缘具纤毛。无柄小穗长3~4mm，基部具髯毛。第1颖背腹扁，先端钝，背面稍下凹，被短糙毛，具4条脉，边缘狭窄，内折成脊，脊上部具糙毛。第2颖舟形，与第1颖等长，先端尖，具3条脉，脊上稍粗糙，上部边缘具纤毛。第1外稃长为颖的1/4~1/3，先端钝或呈钝齿状。第2外稃线形，先端具1条膝曲的芒，芒长12~15mm。有柄小穗中性或雄性，等长或短于无柄小穗，无芒。两颖均背腹扁，第1颖具7条脉，背部稍粗糙；第2

细柄草根部抽出新梢（徐正浩摄）

细柄草花期植株（徐正浩摄）

细柄草林下生境植株（徐正浩摄）

颖具3条脉，较光滑。

生物学特性：花果期8—12月。

生境特征：生于山坡草地、河边、灌丛中。三衢山喀斯特地貌中习见，生于林下、路边、岩石山地、灌木丛、草坡、林缘等生境，在林缘、草坡常形成优势种群。

分布：中国华东、华中至西南等地有分布。

🌿 4. 柔枝莠竹 *Microstegium vimineum* (Trin.) A. Camus

英文名：Japanese stiltgrass, packing grass, Nepalese browntop

分类地位：植物界（Plantae）

被子植物门（Angiospermae）

单子叶植物纲（Monocotyledoneae）

鸭跖草分支（Commelinids）

禾本目（Poales）

禾本科（Poaceae）

莠竹属（*Microstegium* Nees）

柔枝莠竹（*Microstegium vimineum*（Trin.）A. Camus）

形态学鉴别特征：一年生草本。秆下部匍匐地面，节上生根，高达1m，多分枝，无毛。叶鞘短于其节间，鞘口具柔毛。叶舌截形，长0.5mm，背面生毛。叶片长4~8cm，宽5~8mm，边缘粗糙，顶端渐尖，基部狭窄，中脉白色。总状花序2~6枚，长5cm，近指状排列于长5~6mm的主轴上，总状花序轴节间稍短于其小穗，较粗而压扁，生微毛，边缘疏生纤毛。无柄小穗长4~4.5mm，基盘具短毛或无毛。第1颖披针形，纸质，背部有凹沟，贴生微毛，先端具网状横脉，沿脊有锯齿状粗糙，内折边缘具丝状毛，顶端尖或有时具2个齿。第2颖沿中脉粗糙，顶端渐尖，无芒。雄蕊3枚，花药长1mm或较长。颖果长圆形，长2.5mm。有柄小穗等长于无柄小穗或稍短，小穗柄短于穗轴节间。

柔枝莠竹茎叶（徐正浩摄）

柔枝莠竹花期居群（徐正浩摄）

生物学特性：花果期8—11月。

生境特征：生于林缘与阴湿草地。在三衢山喀斯特地貌中习见，生于路边、山坡、山甸、岩石山地等生境。

分布：中国华东、华中、华南、西南等地有分布。印度、缅甸、菲律宾、朝鲜、日本等国也有分布。

5. 荻 *Miscanthus sacchariflorus* (Maxim.) Hackel

中文异名：荻草、荻子、霸土剑

英文名：Amur silver-grass

分类地位：植物界（Plantae）

被子植物门（Angiospermae）

单子叶植物纲（Monocotyledoneae）

鸭跖草分支（Commelinids）

禾本目（Poales）

禾本科（Poaceae）

荻属（*Triarrhena* Nakai）

荻（*Miscanthus sacchariflorus*（Maxim.）Hackel）

形态学鉴别特征：多年生草本。具发达被鳞片的长匍匐根状茎，节处生有粗根与幼芽。秆直立，高1~1.5m，径5mm，具10多个节，节生柔毛。叶鞘无毛。叶舌短，长0.5~1mm，具纤毛。叶片扁平，宽线形，长20~50cm，宽5~18mm，除上面基部密生柔毛外两面无毛，边缘锯齿状粗糙，基部常收缩成柄，顶端长渐尖，中脉白色，粗壮。圆锥花序舒展成伞房状，长10~20cm，宽10cm。主轴无毛，具10~20个较细弱的分枝，腋间生柔毛，直立而后开展。总状花序轴节间长4~8mm，或具短柔毛。小穗柄顶端稍膨大，基部腋间常生有柔毛，短柄长1~2mm，长柄长3~5mm。小穗线状披针形，长5~5.5mm，成熟后带褐色，基盘具长为小穗2倍的丝状柔毛。第1颖2个脊间具1条脉或无脉，顶端膜质长渐尖，边缘和背部具长柔毛。第2颖与第1颖近等长，顶端渐尖，与边缘皆为膜质，并具纤毛，有3条脉，背部无毛或有少数长柔毛。第1外稃稍短于颖，先端

荻茎叶（徐正浩摄）

荻花序（徐正浩摄）

荻临水生境植株（徐正浩摄）

尖，具纤毛。第2外稃狭窄披针形，短于颖片的1/4，顶端尖，具小纤毛，无脉或具1条脉，稀有1个芒状尖头。第2内稃长为外稃之半，具纤毛。雄蕊3枚，花药长2.5mm。柱头紫黑色，自小穗中部以下的两侧伸出。颖果长圆形，长1.5mm。

生物学特性：花果期8—10月。

生境特征：生于山坡草地、河岸湿地等。在三衢山喀斯特地貌中习见，生于山坡、矮灌木丛、溪边、山甸等生境，在山甸、山坡等区块形成优势种群。

分布：原产于亚洲东北部地区。

6. 芒 *Miscanthus sinensis* Anderss.

中文异名：芭芒

英文名：awn, arista

分类地位：植物界（Plantae）

被子植物门（Angiospermae）

单子叶植物纲（Monocotyledoneae）

鸭跖草分支（Commelinids）

禾本目（Poales）

禾本科（Poaceae）

芒属（*Miscanthus* Anderss.）

芒（*Miscanthus sinensis* Anderss.）

形态学鉴别特征：多年生苇状草本。株高1~2m，无毛或在花序以下疏生柔毛。叶鞘无毛，长于其节间。叶舌膜质，长1~3mm，顶端及其后面具纤毛。叶片线形，长20~50cm，宽6~10mm，下面疏生柔毛及被白粉，边缘粗糙。圆锥花序直立，长15~40cm，主轴无毛，延伸至花序的中部以下，节与分枝腋间具柔毛。分枝较粗硬，直立，不再分枝或基部分枝具第二次分枝，长10~30cm。小枝节间三棱形，边缘微粗糙，短柄长2mm，长柄长4~6mm。小穗披针

芒圆锥花序（徐正浩摄）

芒花期植株（徐正浩摄）

形，长4.5~5mm，黄色有光泽，基盘具等长于小穗的白色或淡黄色的丝状毛。第1颖顶具3~4条脉，边脉上部粗糙，顶端渐尖，背部无毛。第2颖常具1条脉，粗糙，上部内折之边缘具纤毛。第1外稃长圆形，膜质，长4mm，边缘具纤毛。第2外稃明显短于第1外稃，先端2裂，裂片间具1条芒，芒长9~10mm，棕色，膝曲，芒柱稍扭曲，长2mm，第2内稃长为其外稃的1/2。雄蕊3枚，花药长2.2~2.5mm，稃褐色，先于雌蕊成熟。柱头羽状，长2mm，紫褐色，从小穗中部的两侧伸出。颖果长圆形，暗紫色。

芒生境植株（徐正浩摄）

生物学特性：花果期7—12月。

生境特征：生于山地、丘陵和荒坡原野。在三衢山喀斯特地貌中习见，生于山坡、山甸、草坡、路边、溪边等生境，在山坡、溪边常形成优势种群。

分布：中国华东、华中、华南、西南等地有分布。朝鲜、日本也有分布。

🌾 7. 求米草 *Oplismenus undulatifolius* (Arduino) Beauv.

中文异名：缩箬

英文名：wavyleaf basketgrass

分类地位：植物界（Plantae）

　　　　被子植物门（Angiospermae）

　　　　单子叶植物纲（Monocotyledoneae）

　　　　鸭跖草分支（Commelinids）

　　　　禾本目（Poales）

禾本科（Poaceae）

求米草属（*Oplismenus* Beauv.）

求米草（*Oplismenus undulatifolius*（Arduino）Beauv.）

形态学鉴别特征：多年生草本。秆纤细，基部平卧地面，节处生根，上升部分高20~50cm。叶鞘短于或上部者长于节间，密被疣基毛。叶舌膜质，短小，长1mm。叶片扁平，披针形至卵状披针形，长2~8cm，宽5~18mm，先端尖，基部略圆而稍不对称，通常具细毛。圆锥花序长2~10cm，主轴密被疣基长刺柔毛。分枝短缩，有时下部的分枝延伸长达2cm。小穗卵圆形，被硬刺毛，长3~4mm，簇生于主轴或部分孪生。颖草质，第1颖长为小穗的1/2，顶端具长0.5~1.5cm的硬直芒，具3~5条脉。第2颖较长于第1颖，顶端芒长2~5mm，具5条脉。第1外稃草质，与小穗等长，具7~9条脉，顶端芒长1~2mm，第1内稃通常缺。第2外稃革质，长3mm，平滑，结实时变硬，边缘包着同质的内稃。鳞被2片，膜质。雄蕊3枚。花柱基分离。

生物学特性：花果期7—11月。

生境特征：生于疏林下阴湿处。在三衢山喀斯特地貌中习见，生于林下、路边、岩石山地、石缝、林缘等生境。

分布：中国南北各地有分布。世界温带和亚热带地区有分布。

求米草茎叶（徐正浩摄）

求米草花序（徐正浩摄）

求米草花期山地生境植株（徐正浩摄）

求米草居群（徐正浩摄）

8. 显子草 *Phaenosperma globosa* Munro ex Benth.

分类地位：植物界（Plantae）

被子植物门（Angiospermae）

单子叶植物纲（Monocotyledoneae）

鸭跖草分支（Commelinids）

禾本目（Poales）

禾本科（Poaceae）

显子草属（*Phaenosperma* Munro ex Benth. et Hook. f.）

显子草（*Phaenosperma globosa* Munro ex Benth.）

形态学鉴别特征：多年生草本。根较稀疏而硬。秆单生或少数丛生，光滑无毛，直立，坚硬，高100~150cm，具4~5节。叶鞘光滑，通常短于节间。叶舌质硬，长5~25mm，两侧下延。叶片宽线形，常翻转而使叶面向下呈灰绿色，叶背向上呈深绿色，两面粗糙或平滑，基部狭窄，先端渐尖细，长10~40cm，宽1~3cm。圆锥花序长15~40cm，分枝在下部者多轮生，长5~10cm，幼时向上斜生，成熟时极开展。小穗背腹压扁，长4~4.5mm。两颖不等长，第1颖长2~3mm，具明显的1条脉或具3条脉，两侧脉甚短，第2颖长4mm，具3条脉。外稃长4.5mm，具3~5条脉，两侧脉几乎不明显。内稃略短于或近等长于外稃。花药长1.5~2mm。颖果倒卵球形，长3mm，黑褐色，表面具皱纹，成熟后露出稃外。

生物学特性：花果期5—9月。

生境特征：生于山坡林下、山谷溪旁及路边草丛。在三衢山喀斯特地貌中习见，生于山地、草坡、路边、疏林下等生境，在草坡、山地等

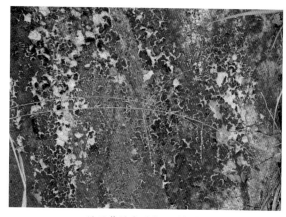

显子草果序（徐正浩摄）

显子草成株（徐正浩摄）

显子草果期生境植株（徐正浩摄）

区块形成优势种群。

分布：中国华北、华东、中南、西南等地有分布。日本和朝鲜也有分布。

9. 斑茅 *Saccharum arundinaceum* Retz.

中文异名：大密

英文名：reedlike sweetcane root

分类地位：植物界（Plantae）

被子植物门（Angiospermae）

单子叶植物纲（Monocotyledoneae）

鸭跖草分支（Commelinids）

禾本目（Poales）

禾本科（Poaceae）

甘蔗属（*Saccharum* Linn.）

斑茅（*Saccharum arundinaceum* Retz.）

形态学鉴别特征：多年生高大丛生草本。秆粗壮，高2~6m，径1~2cm，具多节，无毛。叶鞘长于其节间，基部或上部边缘和鞘口具柔毛。叶舌膜质，长1~2mm，顶端截平。叶片宽大，线状披针形，长100~200cm，宽2~5cm，顶端长渐尖，基部渐变窄，中脉粗壮，无毛，叶面基部生柔毛，边缘锯齿状粗糙。圆锥花序大型，稠密，长30~80cm，宽5~10cm，主轴无毛，每节着生2~4个分枝，分枝2~3回分出，腋间被微毛。总状花序轴节间与小穗柄细线形，长3~5mm，被长丝状柔毛，顶端稍膨大。无柄与有柄小穗狭披针形，长3.5~4mm，黄绿色或带紫色，基盘小，具长1mm的短柔毛。两颖近等长，草质或稍厚，顶端渐尖。第1颖沿脊微粗糙，两侧脉不明显，背部具长于其小穗1倍以上的丝状柔毛。第2颖具3~5条脉，脊粗糙，上部边缘具纤毛，背部无毛，但在有柄小穗中，背部具有长柔毛。第1外稃等长或稍短于颖，具1~3条脉，顶端尖，上部边缘具小纤毛。第2外稃披针形，稍短或等长于颖。顶端具小尖头，或在有柄小穗中，具长3mm的短芒，上部边缘具细

斑茅叶（徐正浩摄）

斑茅花序（徐正浩摄）

斑茅下部植株（徐正浩摄）

斑茅花期生境植株（徐正浩摄）

纤毛。第2内稃长圆形，长为其外稃的1/2，顶端具纤毛。花药长1.8~2mm。柱头紫黑色，长2mm，为其花柱的2倍，自小穗中部两侧伸出。颖果长圆形，长3mm，胚长为颖果的1/2。

生物学特性：花果期8—12月。

生境特征：生于山坡、河岸、溪涧、草地。在三衢山喀斯特地貌中习见，生于溪边、山坡、山地、山甸、路边等生境。

分布：中国华东、华中、华南、西南等地有分布。印度、缅甸、泰国、越南、马来西亚等国也有分布。

10. 金茅 *Eulalia speciosa* (Debeaux) Kuntze

分类地位：植物界（Plantae）

被子植物门（Angiospermae）

单子叶植物纲（Monocotyledoneae）

鸭跖草分支（Commelinids）

禾本目（Poales）

禾本科（Poaceae）

金茅属（*Eulalia* Kunth）

金茅（*Eulalia speciosa*（Debeaux）Kuntze）

形态学鉴别特征：多年生草本。须根粗壮。秆直立，径0.5~1.5cm，无毛或紧接花序的下部分有白色柔毛，具节。株高60~120cm。叶长披针形，扁平或边缘内卷，质硬，长25~50cm，宽4~8mm，叶面被白粉。下部叶鞘长于节间，上部叶鞘短于节间，基部叶鞘密生棕黄色茸毛。叶舌截平，长0.5~1mm。总状花序5~8个，长7~15cm，淡黄棕色至棕色。穗轴节间长3~4mm，具白色或淡黄色纤毛。小穗长圆形，长4~5mm，基盘具毛，柔毛长0.8~1.5mm。第1颖先端稍钝，背部微凹，具2个脊，脊间具2条脉，脉在先端不呈网状汇合，中部以下常被淡黄色长柔毛。第2颖舟形，先端稍钝，具3条脉，脊两旁具柔毛，上部边缘具纤毛。第1外稃长

金茅总状花序（徐正浩摄）　　　　　　　　金茅黄棕色花序（徐正浩摄）

金茅花期植株（徐正浩摄）　　　　　　　　金茅营养生长期植株（徐正浩摄）

圆状披针形，几乎与颖等长，上部边缘具微小纤毛，内稃缺。第2外稃较狭，长2~3mm，芒长1.2~1.5cm。内稃卵状长圆形，长1.5~2mm。雄蕊3枚。花药长3~3.5mm。颖果长圆形。

　　生物学特性：花果期5—11月。

　　生境特征：生于山坡、河岸、草地及村落附近。在三衢山喀斯特地貌中生于岩石山地、灌木丛、草地、路边、溪边等生境。

　　分布：中国华东、华中、华南、西南、华北以及陕西南部等地有分布。朝鲜、印度等国也有分布。

11. 山类芦 *Neyraudia montana* Keng

　　分类地位：植物界（Plantae）

　　　　　　　　被子植物门（Angiospermae）

　　　　　　　　　单子叶植物纲（Monocotyledoneae）

　　　　　　　　　　鸭跖草分支（Commelinids）

禾本目（Poales）

禾本科（Poaceae）

类芦属（*Neyraudia* Hook. f.）

山类芦（*Neyraudia montana* Keng）

形态学鉴别特征：多年生草本。密丛，具下伸根茎。秆直立，草质，径2~3mm，基部具宿存枯萎的叶鞘，具4~5节。株高40~100cm。叶内卷，长披针形，长50~70cm，宽4~6mm，光滑或叶面具柔毛。叶鞘疏松裹茎，短于节间，上部者光滑无毛，基生者密生柔毛。叶舌密生柔毛，长1.5~2mm。圆锥花序长25~60cm，分枝微粗糙，斜生。小穗长7~10mm，含3~6朵小花。颖长4~5mm，先端渐尖或锥状。外稃长5~6mm，近边缘处具短柔毛，先端具短芒，长1~2mm，基盘具1.5~2mm的柔毛。内稃略短于外稃。花药长1~1.2mm。颖果长圆柱状。

生物学特性：花果期7—8月。

生境特征：生于山坡、路旁等。在三衢山喀斯特地貌中习见，生于岩石山地、草地、石缝、路边、林下、灌木丛等，在岩石山地等生境形成优势种群。

分布：中国华东、华中等地有分布。

山类芦茎秆（徐正浩摄）

山类芦叶（徐正浩摄）

山类芦圆锥花序（徐正浩摄）

山类芦花期岩石生境植株（徐正浩摄）

12. 三毛草 *Trisetum bifidum* (Thunb.) Ohwi

中文异名：蟹钓草

分类地位：植物界（Plantae）

被子植物门（Angiospermae）

单子叶植物纲（Monocotyledoneae）

鸭跖草分支（Commelinids）

禾本目（Poales）

禾本科（Poaceae）

三毛属（*Trisetum* Pers.）

三毛草（*Trisetum bifidum*（Thunb.）Ohwi）

形态学鉴别特征：多年生草本。须根细弱、稠密。秆直立或基部膝曲，具2~4节，光滑无毛。株高30~80cm。叶扁平，柔软，长5~18cm，宽3~7mm，无毛。叶鞘松弛，短于节间，无毛。叶舌长1.5~2mm，膜质。圆锥花序长圆形，具光泽，黄绿色或褐绿色，长10~20cm，宽2~4cm，分枝细、平滑。小穗长6~10mm，含2~3朵小花。小穗轴节间长1~1.5mm，具短毛或下部近无毛。颖不等长。第1颖长2~4mm，第2颖长4~7mm，具3条脉。第1外稃长6~8mm，背部粗糙，顶端2裂，芒细弱，自先端以下1mm处伸出，常向外反曲，长7~10mm。内稃为外稃的1/2~2/3，背部拱曲呈弧形，脊上具小纤毛。花药0.6~1mm。颖果长圆形。

生物学特性：花果期4—7月。

生境特征：生于山坡、路旁、林缘、草丛。在三衢山喀斯特地貌中习见，生于山地、山坡、草地、路边、灌木丛等生境，在山地、草坡等生境形成优势种群。

分布：中国多地有分布。日本、朝鲜等国也有分布。

三毛草花（徐正浩摄）

三毛草花序（徐正浩摄）

三毛草花期植株（徐正浩摄）

三毛草生境植株（徐正浩摄）

13. 鼠尾粟 *Sporobolus fertilis* (Steud.) W. D. Clayt.

中文异名：线香草、老鼠尾

英文名：Australian smutgrass, bloomsbury grass, giant Parramatta grass, smutgrass, purple Indian dropseed

分类地位：植物界（Plantae）

被子植物门（Angiospermae）

单子叶植物纲（Monocotyledoneae）

鸭跖草分支（Commelinids）

禾本目（Poales）

禾本科（Poaceae）

鼠尾粟属（*Sporobolus* R. Br.）

鼠尾粟（*Sporobolus fertilis*（Steud.）W. D. Clayt.）

形态学鉴别特征：多年生草本。根系深长。秆丛生，直立，质较坚硬，基部径2~4mm，平滑无毛。株高60~100cm。叶质硬，通常内卷，长10~65cm，宽1~5mm，先端渐尖，基部截头形，平滑无毛或于上面的基部疏生柔毛。叶鞘疏松抱茎，下部者长于节间，上部者短于节间，无毛或边缘及鞘口具短纤毛。叶舌纤毛状，长0.2mm。圆锥花序紧缩或开展，长10~45cm，宽0.5~1cm，分枝直立，密生小穗。小穗灰绿色，略带紫色，长2mm。第1颖长为第2颖的1/2，先端钝或截平，透明，无脉。第2颖卵圆形或卵状披针形，长1~1.5mm，先端钝或短尖，透明，具

鼠尾粟花（徐正浩摄）

鼠尾粟花序（徐正浩摄）

鼠尾粟生境植株（徐正浩摄）

1条脉。外稃卵形，先端短尖，具1条脉及不明显的2条侧脉。内稃宽，先端钝，稍短于外稃，脉微细。雄蕊3枚，花药黄色，长0.8~1mm。颖果倒卵形或矩圆形，长1~1.2mm，熟后红褐色。

生物学特性：夏、秋抽穗。

生境特征：生于林下、山坡、路边、田野草丛及山谷湿处等。三衢山喀斯特地貌中生于山地、山坡、草地、路边、石缝等生境。

分布：中国华东、华中、西南以及陕西、甘肃等地有分布。印度、缅甸、斯里兰卡、泰国、越南、马来西亚、印度尼西亚、菲律宾、日本、俄罗斯等国也有分布。

🌱 14. 皱叶狗尾草 *Setaria plicata* (Lam.) T. Cooke

中文异名：风打草

分类地位：植物界（Plantae）

被子植物门（Angiospermae）

单子叶植物纲（Monocotyledoneae）

鸭跖草分支（Commelinids）

禾本目（Poales）

禾本科（Poaceae）

狗尾草属（*Setaria* Beauv.）

皱叶狗尾草（*Setaria plicata*（Lam.）T. Cooke）

形态学鉴别特征：多年生草本。须根细而坚韧，少数具鳞芽。秆通常瘦弱，少数径可达6mm，直立或基部倾斜，高45~130cm，无毛或疏生毛。节和叶鞘与叶片交接处，常具白色短毛。叶鞘背脉常呈脊，密或疏生较细疣毛或短毛，毛易脱落，边缘常密生纤毛或基部叶鞘边缘无毛而近膜质。叶舌边缘密生长1~2mm的纤毛。叶片质薄，椭圆状披针形或线状披针形，长4~43cm，宽0.5~3cm，先端渐尖，基部渐狭呈柄状，具较浅的纵向皱褶，两面或一面具疏疣毛，或具极短毛而粗糙，或光滑无毛，边缘无毛。圆锥花序狭长圆形或线形，长15~33cm，分枝斜向上生，长1~13cm，上部者排列紧密，下部者具分枝，排列疏松而开展，主轴具棱角，有极细短毛而粗糙。小穗着生于小枝一侧，卵状披针状，绿色或微紫色，长3~4mm，部分小穗下托以1条细的刚毛，长1~2cm或有时不显著。颖薄纸质，第1颖宽卵形，顶端钝圆，边缘膜质，长为小穗的1/4~1/3，具3~5条脉，第2颖长为小穗的1/2~3/4，先端钝或尖，具5~7条脉。第1小花通常中性或具3枚雄蕊，第1外稃与小穗等长或稍长，具5条脉，内稃膜质，狭短或稍狭于外稃，边缘稍内卷，具2条脉。第2小花两性，第2外稃等长或稍短于第1外稃，具明显的横皱纹。鳞被2片。花柱基部联合。颖果狭长卵形，先端具硬而小的尖头。

生物学特性：花果期6—10月。

生境特征：生于山坡林下、沟谷阴湿处或路边杂草地上。在三衢山喀斯特地貌中生于草坡、路边、岩石山地、石缝等生境，在岩石山地、草坡等生境常形成优势种群。

分布：中国华东、华中、华南、西南等地有分布。印度、尼泊尔、斯里兰卡、马来西亚、日本等国也有分布。

皱叶狗尾草叶（徐正浩摄）

皱叶狗尾草花序（徐正浩摄）

皱叶狗尾草颖果（徐正浩摄）

皱叶狗尾草生境植株（徐正浩摄）

皱叶狗尾草居群（徐正浩摄）

第4章

茄科 Solanaceae

茄科（Solanaceae）隶属茄目（Solanales），具98属，含2700余种。世界广布。茄科植物为草本、灌木、乔木或藤本，有时为附生植物。一年生、二年生或多年生，直立或匍匐。一些种具地下块茎。无乳汁管、乳胶，也无具颜色的树液。

茄科植物具基生或顶生的叶片群。叶互生，或基部互生而近花序部位对生。叶草质、革质，或特化为刺状。叶具柄，稀无柄。叶常无味，但有时具芳香或臭味。单叶或复叶，羽状分裂或三出叶。具网状脉。叶具腹背性，无分泌腔。气孔仅出现在叶片的一面，稀两面具气孔。

两性花为主，但也有一些种为雌雄同株，雄花两性花同株或雌雄异株（如茄属（Solanum Linn.））。虫媒花。花单生或顶生，呈聚伞花序或腋生花序。烟草属（Nicotiana Linn.）花具芳香味，尾茄花属（Anthocercis Labill.）具臭味。花常辐射对称，少数两侧对称（如蛾蝶花属（Schizanthus Ruiz et Pav.））。绝大多数花具5片萼片和5片花瓣，5枚雄蕊，子房上位，心皮2个，形成雌蕊群。雄蕊伸出花瓣，典型为4枚或5枚，较常见为4枚或8枚。花盘常下位。萼片合生，常5片，等长，萼片长短于萼筒，宿存，常增大。花瓣合生，呈筒状。典型花形为辐射状（轮状，平面伸展，具1个短筒），管状（具伸长的圆柱形管），喇叭形或漏斗状。

雄蕊群由5枚、2枚、4枚或6枚雄蕊组成，与花瓣对生，通常能育，在一些情况下（如美人襟族（Salpiglossideae））具退化雌蕊，如智利喇叭花属（Salpiglossis Rurz et Pav.）具1枚退化雌蕊，蛾蝶花属具3枚退化雌蕊。花药位于雄蕊顶部，呈环状，或分离，背着或基着，孔裂或纵裂。花丝线状或扁平。雄蕊不外露或外伸。

雌蕊群由2个心皮，稀3个或5个心皮组成。子房上位，2室，也有假隔膜分开的，如假酸浆族（Nicandreae）和曼陀罗族（Datureae Wettst.）。花柱1个。柱头1个，不裂或2裂。每室内具1~50颗倒生胚珠或半倒生胚珠。中轴胎座。胚囊与蓼属（Polygonum Linn.）、葱属（Allium Linn.）相同。胚囊核孔在受精前融合。3个对映体常消失或宿存（如颠茄属（Atropa Linn.））。

果实为浆果（如番茄）或开裂蒴果（如曼陀罗属（Datura Linn.））或坚果。果实有中轴胎座。蒴果常室间开裂，稀背室开裂或瓣裂。

种子富含胚乳，油脂，稀含淀粉，无毛。多数种子圆形、扁平，径2~4mm。胚直立或弯曲。子叶2片。

1. 白英 *Solanum lyratum* Thunb.

中文异名：蔓茄、野猫耳朵

英文名：vine and climber eggplant

分类地位：植物界（Plantae）

被子植物门（Angiospermae）

双子叶植物纲（Dicotyledoneae）

茄目（Solanales）

茄科（Solanaceae）

茄属（*Solanum* Linn.）

白英（*Solanum lyratum* Thunb.）

形态学鉴别特征：多年生草质藤本。茎与小枝均密生有节的长柔毛。基部有时木质化。株高0.5~2.5m。叶互生，琴形或卵状披针形，长2.5~8cm，宽1.5~6cm，先端急尖、渐尖或长渐尖，基部戟形，常3~5深裂，裂片全缘，侧裂片先端圆钝，中裂片较大，卵形，先端渐尖，两面均被白色发亮的长柔毛。中脉明显，侧脉在叶背较清晰，每侧5~7条。少数在小枝上部的叶不分裂，心脏形，小，长1~2cm。叶柄长1~3cm，被具节长柔毛。聚伞花序顶生或腋外生，疏花，总花梗长2cm，被具节的长柔毛，花梗长0.5~1cm，无毛，顶端稍膨大，基部具关节。萼杯状，径2mm，无毛，萼齿5片，顶端圆钝，具短尖头。花冠蓝紫色或白色，长5~8mm，花冠筒隐于萼内，冠檐5深裂，裂片椭圆状披针形，自基部向下反折，先端被微柔毛。雄蕊5枚，花丝长1mm，花药长圆形，长3mm，顶孔略向上。子房卵形，径0.5~0.8mm。花柱丝状，

白英果实（徐正浩摄）

白英成株（徐正浩摄）

白英草地生境植株（徐正浩摄）

长6mm。柱头小，头状。浆果球状，径8mm，具小宿萼，熟时红色。种子近盘状，扁平，径1.5mm。

生物学特性：花期7—8月，果期9—11月。

生境特性：生于山谷草地、路旁或田边等。在三衢山喀斯特地貌中习见，生于林缘、林下、山坡、岩石山地等生境。

分布：中国长江以南及山东、河南、陕西、甘肃等地有分布。日本、朝鲜以及中南半岛也有分布。

第5章

凤尾蕨科 Pteridaceae

凤尾蕨科（Pteridaceae）隶属水龙骨目（Polypodiales），分5个亚科，即珠蕨亚科（Cryptogrammoideae）、水蕨亚科（Ceratopteridoideae）、凤尾蕨亚科（Pteridoideae）、碎米蕨亚科（Cheilanthoideae）和书带蕨亚科（Vittarioideae）。具45属，含1150余种。

一些种具匍匐或直立根状茎。叶片为复叶，具线状孢子囊群，着生于叶边缘，而无真正孢子盖。

1. 半边旗 *Pteris semipinnata* Linn.

中文异名：半边梳、半边蕨

英文名：Semi-pinnated Brake

分类地位：植物界（Plantae）

蕨类植物门（Pteridophyta）

水龙骨纲（Polypodiopsida）

水龙骨目（Polypodiales）

凤尾蕨科（Pteridaceae）

凤尾蕨属（*Pteris* Linn.）

半边旗（*Pteris semipinnata* Linn.）

形态学鉴别特征：株高30~90cm。根状茎长而横走，径1~1.5cm，先端及叶柄基部被褐色披针形鳞片。叶簇生，近一型。叶柄长15~55cm，径1.5~3mm。叶轴、叶柄栗红色，光滑，具光泽。叶长圆披针形，长15~60cm，宽6~15cm，二回半边深裂。顶生羽片宽披针形至长三角形，长10~18cm，基宽3~10cm，先端尾状，篦齿状，深羽裂几达叶轴，裂片6~12对，对生，开展，镰刀状阔披针形，长2.5~5cm，向上渐短，宽6~10mm，先端短渐尖。侧生羽片4~7对，对生或近对生，开展，下部有短柄，向上无柄，半

半边旗生境植株（徐正浩摄）

三角形而略呈镰刀状，长5~18cm，基宽4~7cm，先端长尾头，基部偏斜，两侧极不对称，上侧仅有1条阔翅，宽3~6mm，不分裂或很少在基部有一片或少数短裂片，羽裂几达羽轴，裂片3~6片或更多，镰刀状披针形，基部1片最长，向上的逐渐变短，先端短尖或钝，基部下侧下延。不育裂片有尖锯齿，能育裂片仅顶端有1个尖刺或具2~3个尖锯齿。羽轴下面隆起，下部栗色，向上禾秆色，上面有纵沟，纵沟两旁有啮蚀状、浅灰色狭翅状边。侧脉明显，斜上，小脉通常达锯齿的基部。孢子囊群线形，沿能育羽片叶缘着生，顶部常不育。囊群盖线形，膜质，全缘。

　　生物学特性：喜相对干燥的环境。

　　生境特征：生于林下、山地阴湿处等。在三衢山喀斯特地貌中，生于林下、岩石阴湿处、山地等生境。

　　分布：中国华东、华中、华南、西南等地有分布。东南亚也有分布。

2. 刺齿半边旗 *Pteris dispar* Kunze

　　分类地位：植物界（Plantae）

　　　　　　　蕨类植物门（Pteridophyta）

　　　　　　　　水龙骨纲（Polypodiopsida）

　　　　　　　　　水龙骨目（Polypodiales）

　　　　　　　　　　凤尾蕨科（Pteridaceae）

　　　　　　　　　　　凤尾蕨属（*Pteris* Linn.）

　　　　　　　　　　　　刺齿半边旗（*Pteris dispar* Kunze）

　　形态学鉴别特征：陆生多年生蕨类植物。株高30~80cm。根茎短而横生，密生棕色披针形鳞片。叶草质，密生，二型。营养叶柄栗色至栗褐色，长8~12cm，具3~4棱，光滑，仅在基部有棕色线形鳞片，叶轴及羽轴两侧隆起的狭边上有短轴。叶片长圆形至长圆状披针形，长15~40cm，宽6~15cm，先端尾状，二回单数深羽裂或二回半边深羽裂。侧生羽片4~6对，柄极短，羽片三角状披针形或三角形，基部偏斜，先端尾状，羽裂几达羽轴，第1对最大，长5~8cm，宽2~3cm。裂片4~9片，长圆形或狭长圆形，仅营养叶顶部有刺尖锯齿。侧脉分叉，小脉伸于锯齿内。孢子叶与营养叶相似而较长，叶片狭卵形。侧生羽片5~7对，裂片先端渐尖。孢子囊群线形，生于羽片边缘的小脉上，仅顶部不育。囊群盖线形，膜质，灰绿色，全缘。

刺齿半边旗生境植株（徐正浩摄）

　　生物学特性：喜湿润环境。

生境特征：生于山地、林下、林缘、岩石阴湿处等。三衢山喀斯特地貌中生于林下、岩石阴湿处、山地等生境。

分布：中国华东、华中、华南、西南等地有分布。

3. 井栏边草 *Pteris multifida* Poir.

中文异名：凤尾草

分类地位：植物界（Plantae）

蕨类植物门（Pteridophyta）

水龙骨纲（Polypodiopsida）

水龙骨目（Polypodiales）

凤尾蕨科（Pteridaceae）

凤尾蕨属（*Pteris* Linn.）

井栏边草（*Pteris multifida* Poir.）

形态学鉴别特征：多年生常绿草本。株高30~80cm。根状茎短，直立，顶端密被栗褐色、线状钻形鳞片。叶簇生，具不育叶和孢子叶2种类型。叶柄细，黄褐色，具4条棱，光滑，上面有沟。叶椭圆至卵形，长20~45cm，宽15~25cm，一回羽状复叶，羽片常4~6对，仅基部有1对叶柄。羽片条形，宽3~7mm，顶端尖。不育叶：侧生羽片2~4对，无柄，顶生羽片和上部羽片单一，线状披针形或披针形，长可达15cm，宽2~10mm，先端短尖或长渐尖，边缘有不整齐的锯齿，具软骨质的边，下部羽片常有1片或2片斜卵形或长倒卵形的小羽片。能育叶：侧生羽片4~6对，与顶生羽片同为线形，长达30cm，宽3~7mm，先端常渐尖，全缘。不育叶草质，能育叶坚纸质，两面无毛。叶轴禾秆色，两侧有由羽片的基部下延而成的翅。孢子囊群沿叶边呈线形排列。囊群盖线形，膜质，全缘。孢子棕黄色。

生物学特性：喜温暖湿润和半阴环境，为钙质土指示植物。生于竹林边、河谷、墙壁、井

井栏边草孢子叶（上）和不育叶（下）（徐正浩摄）

井栏边草孢子囊群（徐正浩摄）

边、石缝和山地丘陵等生境。

生境特征：在三衢山喀斯特地貌中习见，生于岩石阴湿处、石缝、溪边、水边、草地、山地、林下等生境。

分布：中国长江以南（除云南外），向北到河南南部等地有分布。日本、朝鲜、越南、菲律宾等国也有分布。

4. 毛轴碎米蕨 *Cheilanthes chusana* (Hook.) Chen

拉丁文异名：*Cheilosoria chusana* (Hook.) Ching et Shing

分类地位：植物界（Plantae）

       蕨类植物门（Pteridophyta）

         水龙骨纲（Polypodiopsida）

           水龙骨目（Polypodiales）

             凤尾蕨科（Pteridaceae）

               碎米蕨属（*Cheilanthes* Sw.）

                 毛轴碎米蕨（*Cheilanthes chusana*（Hook.）Chen）

形态学鉴别特征：株高10~30cm。根状茎短而直立，被栗黑色披针形鳞片。叶簇生，柄长2~5cm，亮栗色，密被红棕色披针形和钻状披针形鳞片以及少数短毛，向上直到叶轴上面有纵沟，沟两侧有隆起的锐边，其上有棕色粗短毛。叶片长8~25cm，中部宽4~6cm，披针形，短渐尖头，向基部略变狭，二回羽状全裂。羽片10~20对，斜展，几无柄，中部羽片最大，长1.5~3.5cm，基部宽1~1.5cm，三角状披针形，先端短尖或钝，基部上侧与羽轴并行，下侧斜出，深羽裂。裂片长圆形或长舌形，无柄，或基部下延而有狭翅相连，钝头，边缘有圆齿。下部羽片略渐缩短，彼此疏离，有阔的间隔，基部一对三角形。叶脉在裂片上羽状，单一或分叉，极斜向上，两面不显。叶干后草质，绿色或棕绿色，两面无毛，羽轴下面下半部栗色，上半部绿色。孢子囊群圆形，生于小脉顶端，位于裂片的圆齿上，每齿1~2枚。囊群盖椭圆肾形或圆肾形，黄绿色，宿存，彼此分离。

毛轴碎米蕨叶（徐正浩摄）

生物学特性：喜阴湿环境。

生境特征：生于路边、林下或溪边石缝。在三衢山喀斯特地貌中习见，生于岩石阴湿处、石缝、溪边、山坡、草地、林下等生境，在石缝、岩石阴湿处等生境常形成优势种群。

分布：中国华东、华中、华南、西南以及甘肃、陕西等地有分布。越南、菲律宾、日本等国也有分布。

毛轴碎米蕨孢子囊群（徐正浩摄）

5. 蜈蚣草 *Pteris vittata* Linn.

中文异名：蜈蚣凤尾蕨

分类地位：植物界（Plantae）

蕨类植物门（Pteridophyta）

水龙骨纲（Polypodiopsida）

水龙骨目（Polypodiales）

凤尾蕨科（Pteridaceae）

凤尾蕨属（*Pteris* Linn.）

蜈蚣草（*Pteris vittata* Linn.）

形态学鉴别特征：陆生大中型植物。株高40~70cm。根状茎短，直立，密被淡棕色、线状披针形鳞片。叶近革质，两面无毛，簇生，阔倒披针形，长15~80cm，宽5~20cm，一回羽状。羽片多数，互生或近对生，无柄，线状披针形，上部的最大，长3~10cm，宽0.5~1cm，先端渐尖，基部截形或心形，两侧多少呈耳形，全缘，仅顶部不育叶部分有细锯齿，下部羽片逐渐缩短，基部1对有时成耳形。侧脉细密，2叉或少有单一。叶柄长5~22cm，禾秆色，近基部密被鳞片，向上渐疏。孢子囊群线形，沿能育羽片边缘着生，但基部和顶部不育。囊群盖线形，膜质。

蜈蚣草叶（徐正浩摄）

生物学特性：耐瘠薄、污染土壤。

生境特征：多生于有石灰岩的山地，在沟坎、石壁等隙缝多生长。在三衢山喀斯特地貌中生于山地、石缝、溪边、路边等生境。

分布：中国长江以南，北达河南、陕西、甘肃等地有分布。亚洲热带、亚热带地区有分布。

蜈蚣草临水生境植株（徐正浩摄）　　　　　　蜈蚣草岩石生境植株（徐正浩摄）

6. 野雉尾金粉蕨　*Onychium japonicum* (Thunb.) Kze.

中文异名：日本鸟蕨、小尾草、小野雉尾草、野鸡尾、柏香莲

分类地位：植物界（Plantae）

　　　　　蕨类植物门（Pteridophyta）

　　　　　　水龙骨纲（Polypodiopsida）

　　　　　　　水龙骨目（Polypodiales）

　　　　　　　　凤尾蕨科（Pteridaceae）

　　　　　　　　　金粉蕨属（*Onychium* Kaulf.）

　　　　　　　　　　野雉尾金粉蕨（*Onychium japonicum*（Thunb.）Kze.）

　　形态学鉴别特征：株高60cm。根状茎长而横走，径3mm，疏被鳞片，鳞片棕色或红棕色，披针形，筛孔明显。叶散生，柄长2~30cm，基部褐棕色，略有鳞片，向上禾秆色（有时下部略饰有棕色），光滑。叶片几乎与叶柄等长，卵状三角形或卵状披针形，渐尖头，四回羽状细裂。羽片12~15对，互生，柄长1~2cm，基部一对最大，长9~17cm，宽5~6cm，长圆披针形或

野雉尾金粉蕨孢子囊群（徐正浩摄）　　　　　　野雉尾金粉蕨居群（徐正浩摄）

三角状披针形，先端渐尖，并具羽裂尾头，三回羽裂。各回小羽片彼此接近，均为上先出，基部一对最大。末回能育小羽片或裂片长5~7mm，宽1.5~2mm，线状披针形，有不育的急尖头。末回不育裂片短而狭，线形或短披针形，短尖头。叶轴和各回育轴上面有浅沟，下面凸起，不育裂片仅有中脉1条，能育裂片有斜上侧脉和叶缘的边脉汇合。叶干后坚草质或纸质，灰绿色或绿色，遍体无毛。孢子囊群长3~6mm。囊群盖线形或短长圆形，膜质，灰白色，全缘。

生境特征：生于林下沟边或溪边石上。在三衢山喀斯特地貌中生于岩石山地、石缝、溪边、路边等生境，在岩石山地、石缝等生境常形成优势种群。

分布：中国华东、华中、东南、西南，向北达陕西、河北西部等地有分布。日本、菲律宾、印度尼西亚等国也有分布。

第6章

苦苣苔科 Gesneriaceae

苦苣苔科（Gesneriaceae）隶属唇形目（Lamiales），具152属，含3540种。主要分布于世界热带和亚热带地区，少数种分布于温带地区。多数种为多年生草本或亚灌木，一些为木质灌木或小乔木。

叶序常对生和交叉呈十字形，但一些种呈螺旋状或互生。花两侧对称，花序呈"成对花聚伞花序"，为其独特结构，但一些种无此形态学特征，而唇形目中荷包花科（Calceolariaceae）和一些玄参科（Scrophulariaceae）的种也具这种花序结构。子房上位、半下位或下位。果实为干活肉质蒴果，或为浆果。种子小，数量多。

1. 半蒴苣苔 *Hemiboea subcapitata* C. B. Clarke

拉丁文异名：*Hemiboea henryi* Clarke

中文异名：石花、牛蹄草、牛舌头、白观音扇、石塔青、山白菜、石苋菜、岩苋菜、牛耳朵菜、麻脚杆、岩莴苣、石莴苣

分类地位：植物界（Plantae）

被子植物门（Angiospermae）

双子叶植物纲（Dicotyledoneae）

唇形目（Lamiales）

苦苣苔科（Gesneriaceae）

半蒴苣苔属（*Hemiboea* Clarke）

半蒴苣苔（*Hemiboea subcapitata* C. B. Clarke）

形态学鉴别特征：多年生草本。茎上升，高10~40cm，具4~8个节，不分枝，肉质，散生紫斑，无毛或上部疏生短柔毛。叶对生，叶片椭圆形或倒卵状椭圆形，顶端急尖或渐尖，基部下延，长4~22cm，宽2~11.5cm，全缘或有波状浅钝齿，稍肉质，干时草质，无毛或被白色短柔毛，叶面深绿色，叶背淡绿色或带紫色，皮下散生蠕虫状石细胞，侧脉每侧5~7条。叶柄长1~9cm，具翅，翅合生成船形。聚伞花序假顶生或腋生，具3~10朵花，花序梗长1~7cm。总苞球形，径1~2.5cm，顶端具尖头，淡绿色，无毛，开放后呈船形。花梗粗，长2~5mm，无毛。萼片5片，长圆状披针形，长1~1.2cm，宽3~4.5mm，无毛，干时膜质。花冠白色，具紫色斑点，长3.5~4cm，外面疏被腺状短柔毛。筒长3~3.4cm，内面基部上方6~7mm处具1个毛

半蒴苣苔花（徐正浩摄）

半蒴苣苔成株（徐正浩摄）

环，口部径10~15mm。上唇长5~7mm，2浅裂，裂片半圆形，下唇长7~9mm，3深裂，裂片卵圆形。雄蕊的花丝狭线形，生于距花冠基部15~20mm处，长8~12mm，花药长椭圆形，长3.5~4.5mm，顶端连着，退化雄蕊3枚，中间1个长2~6mm，侧面2枚长4~7mm，顶端呈小头状，连着或分离。花盘环状，高1~1.2mm。雌蕊长3~4cm，无毛，柱头钝，略宽于花柱。蒴果线状披针形，多少弯曲，长1.5~2.5cm，基部宽3~4mm，无毛。

半蒴苣苔花期植株（徐正浩摄）

生物学特性：花期8—10月，果期9—11月。

生境特征：生于山谷林下或沟边阴湿处。在三衢山喀斯特地貌中主要生于岩石阴湿处，有时形成优势群落。

分布：中国华东、华中、华南、西南以及陕西、甘肃等地有分布。

2. 吊石苣苔 *Lysionotus pauciflorus* Maxim.

中文异名：石吊兰、岩头三七、石三七
分类地位：植物界（Plantae）
　　　　　　被子植物门（Angiospermae）
　　　　　　　双子叶植物纲（Dicotyledoneae）
　　　　　　　　唇形目（Lamiales）
　　　　　　　　　苦苣苔科（Gesneriaceae）
　　　　　　　　　　吊石苣苔属（*Lysionotus* D. Don）
　　　　　　　　　　　吊石苣苔（*Lysionotus pauciflorus* Maxim.）

形态学鉴别特征：小灌木。茎长7~30cm，分枝或不分枝，无毛或上部疏被短毛。叶3片轮生，有时对生，具短柄或近无柄。叶片革质，形状变化大，线形、线状倒披针形、狭长圆形或倒卵状长圆形，少数为狭倒卵形或长椭圆形，长1.5~5.8cm，宽0.4~2cm，顶端急尖或钝，基部钝、宽楔形或近圆形，边缘在中部以上或上部有少数小齿，有时近全缘，两面无毛，中脉在叶面下陷，侧脉每侧3~5条，不明显。叶柄长1~9mm，上面常被短伏毛。花序有1~5朵

吊石苣苔生境植株（余黎红摄）

花。花序梗纤细，长0.4~4cm，无毛。苞片披针状线形，长1~2mm，疏被短毛或近无毛。花梗长3~10mm，无毛。花萼长3~5mm，5裂达或近基部，无毛或疏被短伏毛。裂片狭三角形或线状三角形。花冠白色带淡紫色条纹或淡紫色，长3.5~4.8cm，无毛。筒细漏斗状，长2.5~3.5cm，口部径1.2~1.5cm。上唇长4mm，2浅裂，下唇长10mm，3裂。雄蕊无毛，花丝着生于距花冠基部13~15mm处，狭线形，长12mm，花药径1.2mm，药隔背面突起长0.8mm。退化雄蕊3枚，无毛，中央的长1mm，侧生的狭线形，长5mm，弧状弯曲。花盘杯状，高2.5~4mm，有尖齿。雌蕊长2~3.4cm，无毛。蒴果线形，长5.5~9cm，宽2~3mm，无毛。种子纺锤形，长0.6~1mm，毛长1.2~1.5mm。

生物学特性：花期7—10月。

生境特征：生于丘陵、山地林中、阴处石崖上或树上。在三衢山喀斯特地貌中主要生于岩石生境，常形成优势群落。

分布：中国华东、华中、华南、西南以及陕西南部等地有分布。越南、日本也有分布。

第7章

天南星科 Araceae

天南星科（Araceae）隶属泽泻目（Alismatales），具114属，含3750种。天南星科植物分布于热带和亚热带地区，绝大多数属分布于热带地区。常具根状茎或块茎，含草酸钙结晶体或针晶体。种间叶形变化大。佛焰花序由叶状佛焰苞包裹。雌雄同株，一些种为雌雄异株。拥有分开的雄花和雌花，肉状花序中，雌花位于花序底部，雄花位于顶部。完全花的柱头不接受花粉，可防止自交。一些种为生热植物，其花的温度能达45℃，可有效防止低温受冻。

1. 半夏 *Pinellia ternata* (Thunb.) Breit.

中文异名：三叶半夏、麻芋果、球半夏、尖叶半夏、生半夏、土半夏、野半夏、半子、地珠半夏

英文名：crow dipper

分类地位：植物界（Plantae）

　　　　　被子植物门（Angiospermae）

　　　　　单子叶植物纲（Monocotyledoneae）

　　　　　泽泻目（Alismatales）

　　　　　天南星科（Araceae）

　　　　　半夏属（*Pinellia* Tenore）

　　　　　半夏（*Pinellia ternata*（Thunb.）Breit.）

形态学鉴别特征：多年生草本。块茎近球形，径1~2cm，上部周围生多数须根。株高15~30cm。叶自块茎顶端抽出，具2~5片，稀1片。一年生为单叶，卵状心形至截形，全缘。2~3年后，为3片裂片的复叶，全裂，裂片椭圆形至披针形，中间裂片较大，长5~8cm，宽3~4cm，侧裂片稍短，先端锐尖，基部楔形，全缘，两面光滑无毛。叶柄长6~23cm，基部具鞘，鞘内、鞘部以上或柄下部内侧生有白色珠芽。肉穗花序顶生，花序梗常较叶柄长，长20~30cm。佛焰苞绿色，长6~7cm，管部狭圆柱形，长1.5~2cm，檐部长圆形，有时边缘呈青紫色，长4~5cm，宽1.5cm，先端钝或锐尖。花单性，无花被，雌雄同株。肉穗花序雄花部分着生于上部，白色，雄蕊密集成圆筒形，长5~7mm，雌花部分着生于雄花下部，绿色，长2cm，雌雄花两者相距5~8mm。花序中轴先端附属物延伸呈鼠尾状，通常长7~10cm，直立，伸出佛焰苞外。浆果卵圆形，黄绿色，顶端渐狭，长4~5mm。种子长卵形，长2~3mm，宽1~1.5mm。

半夏叶（徐正浩摄）

半夏植株（徐正浩摄）

生物学特性：花期5—7月，果期7—9月。耐寒，不耐干旱，忌烈日暴晒，喜温暖阴湿环境，适宜沙壤土生境。

生境特性：生于草坡、荒地、山坡、溪边阴湿的草丛中或林下等。在三衢山喀斯特地貌中习见，生于路边、林下、岩石山地、岩石阴湿处、草坡、山甸等生境，在林下、岩石山地、路边等区块常形成优势种群。

分布：除新疆、西藏、青海、内蒙古外，中国其他地区广布。日本、朝鲜以及北美洲也有分布。

半夏路边生境植株（徐正浩摄）

第8章

唇形科 Lamiaceae

　　唇形科（Laminaceae）隶属唇形目（Lamiales），具236属，含6900~7200种。为被子植物的第六大科。唇形科植物为草本或灌木，罕为乔木或藤本。常具含芳香油的表皮、有柄或无柄的腺体。花具合生的上唇和下唇。花两侧对称。花萼和花瓣均5片，合生。花两性，轮伞聚伞花序常2朵花聚生。叶片对生，上下2对叶呈十字交叉。茎常四棱形。

1. 兰香草 *Caryopteris incana* (Thunb. ex Hout.) Miq.

　　中文异名：山薄荷、宝塔花、卵叶莸、莸

　　分类地位：植物界（Plantae）

　　　　　　　　被子植物门（Angiospermae）

　　　　　　　　双子叶植物纲（Dicotyledoneae）

　　　　　　　　唇形目（Lamiales）

　　　　　　　　唇形科（Lamiaceae）

　　　　　　　　莸属（*Caryopteris* Bunge）

　　　　　　　　兰香草（*Caryopteris incana* (Thunb. ex Hout.) Miq.）

　　形态学鉴别特征：直立半灌木。株高20~50cm。茎圆柱形，略带紫色，被向上弯曲的灰白色短柔毛，后脱落。叶厚纸质，披针形、卵形或长圆形，长1.5~6cm，宽0.8~3cm，先端圆钝或急尖，基部宽楔形或稍圆，边缘具粗齿，两面密被稍弯曲的短柔毛。叶背的脉稍隆起。叶柄长0.5~1.5cm。聚伞花序密集，腋生或顶生，无苞片和小苞片。花萼杯状，长2mm，被柔毛。花冠淡紫色或淡蓝色，二唇形，被短柔毛，冠筒长3.5mm，喉部被毛环，裂片长1.5mm，下唇中裂片边缘流苏状。雄蕊与花柱伸出花冠筒外。子房顶端被短毛。柱头2裂。果实倒卵状球形，上半部被粗毛，径2.5mm，果瓣具宽翅。种子细小，褐色。

　　生物学特性：花果期8—11月。

　　生境特性：生于林缘、草坡、路边草丛。在

兰香草花期植株（徐正浩摄）

三衢山喀斯特地貌中习见，生于石缝、路边、山地、草坡等生境。

分布：中国华东、华中、华南等地有分布。日本、朝鲜也有分布。

2. 金疮小草 *Ajuga decumbens* Thunb.

中文异名：伏地筋骨草

英文名：decumbent bugle

分类地位：植物界（Plantae）

被子植物门（Angiospermae）

双子叶植物纲（Dicotyledoneae）

唇形目（Lamiales）

唇形科（Lamiaceae）

筋骨草属（*Ajuga* Linn.）

金疮小草（*Ajuga decumbens* Thunb.）

形态学鉴别特征：一年生或二年生草本。株高10~20cm。具根茎，分枝多。平卧或上升，具匍匐茎，被白色长柔毛，幼嫩部分尤多，老茎有时紫绿色。叶纸质。基生叶较大，花时常存在。茎生叶数对，匙形、倒卵状披针形或倒披针形，长3~6cm，宽1.5~2.5cm，顶端钝至圆形，基部渐狭，下延成翅柄，边缘具不整齐的波状圆齿或浅波状齿或几全缘，侧脉4~5对，两面被疏糙伏毛或疏柔毛，以脉上为密。叶柄长1~2.5cm或更长，具狭翅，紫绿色或浅绿色。花轮具多朵花，排列成间断的穗状轮伞花序，顶生或腋生，顶端的花轮密聚。苞片下部者叶状，向上渐小，披针形，长6~12mm。萼漏斗状，具10条脉，长5mm，仅萼齿外面及边缘被疏柔毛，具5个齿，齿狭三角形或短三角形，长为萼的1/2。花冠管状，长8~10mm，淡蓝色或淡红紫色，外面被疏柔毛，里面仅花冠管被疏微柔毛，近基部具毛环。檐部二唇形，上唇短，长2mm，圆形，顶端微凹，下唇宽大，长4~6mm，中裂片狭扇形或倒心形，侧裂片长圆形或近椭圆形，长3~4mm。雄蕊伸出花冠外，花丝被疏柔毛或几无毛。花盘前方略呈指状膨大，花盘裂片不明显。子房无毛。花柱长于雄蕊，微弯。小坚果倒卵状三棱形，长2mm，背部具网状皱纹，合生面占腹面的2/3左右。种子长0.5~1mm。

生物学特性：花期3—6月，果期5—8月。

生境特性：生于溪沟边、路旁、林缘、湿地、草丛、荒地等。在三衢山喀斯特地貌中习见，生于山地、草坡、岩石阴湿处、石缝、路边、山甸等生境，在岩石阴湿处常形成优势种群。

分布：中国长江以南等地分布。日本、朝鲜

金疮小草花（徐正浩摄）

金疮小草花期生境植株（徐正浩摄）

金疮小草生境植株（徐正浩摄）

等国也有分布。

3. 韩信草 *Scutellaria indica* Linn.

中文异名：印度黄芩、疔疮草

分类地位：植物界（Plantae）

　　　　　　被子植物门（Angiospermae）

　　　　　　双子叶植物纲（Dicotyledoneae）

　　　　　　唇形目（Lamiales）

　　　　　　唇形科（Lamiaceae）

　　　　　　黄芩属（*Scutellaria* Linn.）

　　　　　　韩信草（*Scutellaria indica* Linn.）

形态学鉴别特征：多年生草本。株高15~40cm。全株被白色短或较长柔毛。具地下茎。直立或斜生，四棱形，下部无毛或近无毛，上部被腺毛及柔毛。叶对生，草质至坚纸质，心状卵圆形至椭圆形，长1.5~3cm，宽1.2~3.2cm，先端钝或圆，两面密生细毛。叶柄长0.5~1.5cm。花

韩信草花序（徐正浩摄）

韩信草花期林下生境植株（徐正浩摄）

对生，排列成长3~9cm的顶生总状花序，偏向一侧。花梗长2~3mm。苞片卵圆形，两面都有短柔毛。花萼长2mm。花冠蓝紫色，二唇形，长1.5~2cm，外面被腺体和短柔毛，花冠筒长1~1.2cm，上唇先端微凹，下唇有3片裂片，中裂片圆状卵圆形。雄蕊4枚，前对较长，花丝下部有柔毛。花盘肥厚，前方稍隆起。花柱细长。子房光滑，4裂。小坚果横生，卵形，有小瘤状突起。

生物学特性：花期4—5月，果期5—9月。

生境特性：生于林下、林缘、山坡、溪边、路边草丛等。在三衢山喀斯特地貌中习见，生于林下、岩石山地、石缝、岩石阴湿处、路边、草坡、疏林、疏生灌木丛、山甸等生境，在石缝、岩石山地、路边等形成优势种群。

分布：中国华东、华中、华南、西南以及陕西等地有分布。日本、印度尼西亚、印度以及中南半岛等也有分布。

4. 野芝麻 *Lamium barbatum* Sieb. et Zucc.

中文异名：野藿香

英文名：barbate deadnettle

分类地位：植物界（Plantae）

被子植物门（Angiospermae）

双子叶植物纲（Dicotyledoneae）

唇形目（Lamiales）

唇形科（Lamiaceae）

野芝麻属（*Lamium* Linn.）

野芝麻（*Lamium barbatum* Sieb. et Zucc.）

形态学鉴别特征：多年生草本。株高20~100cm。具根茎，有长地下匍匐茎。茎单生，直立，基部稍斜，四棱形，具浅槽，中空，常有倒向糙毛。叶对生，卵状心形至卵状披针形，长2~8cm，宽2~5.5cm，先端急尖、渐尖或尾状渐尖，基部浅心形，边缘有微内弯的牙齿状锯齿，

野芝麻花（徐正浩摄）

野芝麻花期山地生境植株（徐正浩摄）

齿端具硬尖，两面有伏毛。叶柄长0.5~6.5cm。轮伞花序具花4~14朵，腋生于茎上部叶腋。苞片狭线形或丝状，长2~3mm，锐尖，具缘毛。花萼钟形，长1.3~1.5cm，宽4mm，外面疏被伏毛，膜质。萼齿披针状钻形，长0.8~1cm，具缘毛。花冠二唇形，白色，长2~3cm。花冠筒基部狭，稍上方囊状膨大，喉部宽0.6cm，外面上部有毛，内面近基部有毛环。花丝有微柔毛，花药深紫色，有毛。花柱丝状，较雄蕊略短。子房裂片长圆形，无毛。小坚果4个，楔状倒卵形，具3棱，长3mm，淡褐色。种子长1~2mm。

生物学特性：花期4—6月，果期7—8月。

生境特性：生于阴湿路旁、山脚、林下、溪旁等。在三衢山喀斯特地貌中习见，生于岩石阴湿处、石缝、路边、山地、草坡、林下、灌木丛、山甸等生境，在岩石阴湿处、山地、路边等常形成优势种群。

分布：中国华东、华中、西南、华北、东北等地有分布。日本、朝鲜、俄罗斯等国也有分布。

🌿 5. 邻近风轮菜 *Clinopodium confine* (Hance) O. Ktze.

中文异名：光风轮

分类地位：植物界（Plantae）

    被子植物门（Angiospermae）

      双子叶植物纲（Dicotyledoneae）

        唇形目（Lamiales）

          唇形科（Lamiaceae）

            风轮菜属（*Clinopodium* Linn.）

              邻近风轮菜（*Clinopodium confine*（Hance）O. Ktze.）

形态学鉴别特征：多年生草本。株高20~40cm。四棱形，无毛或仅在棱上疏被微柔毛。叶卵圆形或近圆形，长0.8~2.5cm，宽0.5~1.8cm，先端钝，基部圆或宽楔形，具5~7对圆齿状锯齿，两面无毛。叶柄长1~2mm。轮伞花序具多朵花，近球形，径1~1.3cm。苞叶小。花梗长

邻近风轮菜成株（徐正浩摄）

邻近风轮菜花期石缝生境植株（徐正浩摄）

1~2mm，被微柔毛。花萼管状，基部稍窄，长4mm，无毛或沿脉疏被毛，喉部内面被柔毛，齿具缘毛，上3齿三角形，下2齿长三角形。花冠粉红色至紫红色，稍超出花萼，长5mm，被微柔毛，喉部径1.2mm，稍被毛或近无毛，下唇中裂片先端微缺，冠檐长0.6mm。后对雄蕊退化。种子卵球形，长0.8mm，光滑，褐色。

生物学特性：花果期4—8月。

生境特性：生于田边、山坡、草地等。在三衢山喀斯特地貌中习见，生于路边、石缝、岩石阴湿处、草坡、山地等生境，在岩石阴湿处、路边等常形成优势种群。

分布：中国华东、华中、华南、西南等地有分布。日本也有分布。

6. 薄荷 *Mentha canadensis* Linn.

中文异名：野薄荷、夜息香、南薄荷、水薄荷

拉丁文异名：*Mentha haplocalyx* Briq.

英文名：American wild mint, East Asian wild mint, Japanese Mint

分类地位：植物界（Plantae）

被子植物门（Angiospermae）

双子叶植物纲（Dicotyledoneae）

唇形目（Lamiales）

唇形科（Lamiaceae）

薄荷属（*Mentha* Linn.）

薄荷（*Mentha canadensis* Linn.）

形态学鉴别特征：多年生草本。株高30~100cm。茎下部匍匐，上部直立，多分枝，锐四棱形，上部有倒向柔毛，下部仅沿棱上有微柔毛。叶长圆状披针形、披针形或卵状披针形，长3~8cm，宽0.6~3cm，先端急尖或稍钝，基部楔形，边缘在基部以上疏生粗大牙齿状锯齿，两面疏生微柔毛和腺点，侧脉5~6对。叶柄长0.3~2cm。轮伞花序具多朵花，腋生，轮廓球形，具

薄荷茎叶（徐正浩摄）

薄荷花（徐正浩摄）

总花梗或近无梗。小苞片狭披针形。花梗纤细，长2~3mm，有微柔毛或近无毛。花萼管状钟形，长2.5mm，外面有微柔毛及腺点，内面无毛，萼齿三角形或狭三角形，长不到1mm。花冠二唇形，淡红色、青紫色或白色，长4~5mm，外面略有微柔毛，冠檐4裂，裂片长圆形，上唇先端2裂，下唇3裂全缘。雄蕊伸出，前对较长，花丝无毛。花柱略超出雄蕊。小坚果长圆状卵形，平滑，具小腺窝。1朵花最多能结4粒种子，贮于钟形花萼内。种子长0.2mm，淡褐色。

生物学特性：花果期8—11月。

生境特性：生于溪边草丛中、山谷及水旁阴湿处。在三衢山喀斯特地貌中习见，主要生于草地、山坡、路边、山地、岩石阴湿处、林缘、林下、灌木丛、山甸等生境。

分布：中国各地有分布。日本、朝鲜、俄罗斯以及北美洲也有分布。

7. 紫苏 *Perilla frutescens* (Linn.) Britt.

中文异名：白苏、桂荏、荏子、赤苏、红苏

英文名：perilla, Korean perilla

分类地位：植物界（Plantae）

　　　　被子植物门（Angiospermae）

　　　　　双子叶植物纲（Dicotyledoneae）

　　　　　　唇形目（Lamiales）

　　　　　　　唇形科（Lamiaceae）

　　　　　　　　紫苏属（*Perilla* Linn.）

　　　　　　　　　紫苏（*Perilla frutescens*（Linn.）Britt.）

形态学鉴别特征：一年生草本。株高0.5~1.5cm。茎直立，钝四棱形，具4条槽，紫色、绿紫色或绿色，有长柔毛，棱与节上较密。单叶对生，宽卵形或圆卵形，长4~21cm，宽2.5~16cm，先端急尖、渐尖或尾状尖，基部圆形或宽楔形，边缘具粗锯齿，两面绿色或紫色，或仅叶背紫色，叶面被疏柔毛，叶背有贴生柔毛。侧脉7~8对。叶柄长2.5~12cm，密被长柔毛。轮伞花序2朵花，组成偏向一侧的顶生和腋生假总状花序，长2~15cm。每朵花有1片苞片，

紫苏花序（徐正浩摄）

苞片卵圆形或近圆形，径4mm，先端急尖，具腺点。花梗长1.5mm，密被微柔毛。花萼钟状，长3mm，在果期增大，长达11mm，萼筒外密生长柔毛，并杂有黄色腺点。萼檐二唇形，上唇宽大，萼齿近三角形，下唇稍长，萼齿披针形。花冠长3~4mm，二唇形，紫红色、粉红色至白色，上唇微凹，外面略有微柔毛。花冠筒短，冠檐近二唇形。雄蕊不外伸，前对稍长。柱头2

紫苏花期山甸生境植株（徐正浩摄）　　　　　　紫苏苗期草地生境植株（徐正浩摄）

裂。小坚果三棱状球形，径1.5~2.8mm，棕褐色或灰白色，有网纹。种子长0.3~0.5mm。

　　生物学特性：花果期7—11月。

　　生境特性：生于路边、地边、低山疏林下或林缘。在三衢山喀斯特地貌中习见，生于山地、草坡、林下、疏灌木丛、林缘、山甸、路边、岩石阴湿处等生境。

　　分布：几遍中国。日本、朝鲜、印度尼西亚、不丹、印度等国也有分布。

8. 南丹参　*Salvia bowleyana* Dunn

　　中文异名：紫丹参

　　分类地位：植物界（Plantae）

　　　　　　　　被子植物门（Angiospermae）

　　　　　　　　双子叶植物纲（Dicotyledoneae）

　　　　　　　　唇形目（Lamiales）

　　　　　　　　唇形科（Lamiaceae）

　　　　　　　　鼠尾草属（*Salvia* Linn.）

　　　　　　　　南丹参（*Salvia bowleyana* Dunn）

　　形态学鉴别特征：多年生草本。根肥厚，外表红赤色，切面淡黄色。茎粗大，高1m，钝四棱形，具4条槽，被下向长柔毛。叶为羽状复叶，长10~20cm，有小叶5片或7片，顶生小叶卵圆状披针形，长4~7.5cm，宽2~4.5cm，先端渐尖或尾状渐尖，基部圆形或浅心形或稍偏斜，边缘具圆齿状锯齿，草质，两面除脉上略被小疏柔毛外余部均无毛，侧脉5~6对，与中脉在叶面平坦，在叶背明显，叶面绿色，叶背淡绿色，侧生小叶较小，基部偏斜。叶柄长4~6cm，腹凹背凸，被长柔毛。轮伞花序8朵至多朵花，组成长14~30cm顶生总状花序或总状圆锥花序。苞片披针形，长3~4mm，宽1mm，先端锐尖，基部楔形，两面略被短柔毛，边缘全缘，具缘毛。花梗长4mm，与花序轴密被长柔毛。花萼筒形，长8~10mm，外面被具腺疏柔毛及短柔毛，内面在喉部被白色长刚毛，二唇形，裂至花萼长1/4，上唇宽三角形，长2mm，宽

南丹参花期植株（俞黎红摄）

南丹参草地生境植株（徐正浩摄）

5mm，先端有靠合的3个小齿，下唇较小，三角形，长1.5mm，宽4mm，浅裂成2个齿，齿三角形，靠近，先端锐尖。花冠淡紫色、紫色至蓝紫色，长1.9~2.4cm，外被微柔毛，内面靠近冠筒基部斜生毛环，冠筒长10mm，伸出花萼，基部宽2.5mm，向上渐宽，至喉部宽达7mm，冠檐二唇形，上唇略做镰刀形，两侧折合，长8~12mm，宽5mm，先端深凹，下唇稍短，呈长方形，长11mm，宽12mm，3裂，中裂片最大，倒心形，先端微缺，基部略收缩，长3mm，

南丹参灌草丛生境植株（徐正浩摄）

宽6mm，侧裂片卵圆形，较小，宽达2mm。能育雄蕊2枚，伸至上唇片，花丝长4mm，扁平，无毛，药隔长19mm，上臂长达15mm，下臂长4mm，两下臂药室不发育，顶端联合。花柱伸出，长达2.8cm，先端不相等2浅裂，后裂片较短。花盘前方微膨大。小坚果椭圆形，长3mm，褐色，顶端有毛。

生物学特性：花期3—7月。

生境特征：生于山地、山谷、路旁、林下或水边。三衢山喀斯特地貌中习见，生于山地、草坡、灌木丛、林下、林缘、路边、石缝、岩石阴湿处、山甸、溪边等生境，在山地、草坡等常形成优势种群。

分布：中国长江以南地区有分布。

9. 庐山香科科 *Teucrium pernyi* Franch.

分类地位：植物界（Plantae）

被子植物门（Angiospermae）

双子叶植物纲（Dicotyledoneae）

唇形目（Lamiales）

唇形科（Lamiaceae）

香科科属（*Teucrium* Linn.）

庐山香科科（*Teucrium pernyi* Franch.）

形态学鉴别特征： 多年生草本。具匍匐茎。茎直立，基部常不分枝而具早年残存的茎基，基部近圆柱形，上部四棱形，无槽，高60cm，有时达100cm，密被白色向下弯曲的短柔毛，毛长0.5mm。叶柄长3~7mm，被毛同茎。叶片卵圆状披针形，长3.5~5.3cm，宽1.5~2cm，有时长达8.5cm，宽达3.5cm，先端短渐尖或渐尖，基部圆形或阔楔形下延，边缘具粗锯齿，两面被微柔毛，叶背脉上被白色稍弯曲的短柔毛，侧脉3~4对，有时5对，两面微显著。轮伞花序常2朵花，松散，偶达6朵花，于茎及短于叶的腋生短枝上组成穗状花序。苞片卵圆形，被短柔毛，长与花梗相若。花梗长3~4mm，被短柔毛。花萼钟形，长5mm，宽3.5mm，外面被稀疏的微柔毛，喉部内面具毛环，10条脉，二唇形，上唇3个齿，中齿极发达，近圆形，先端突尖，侧齿三角状卵圆形，长不达中齿的1/2，下唇2个齿，齿三角状钻形，渐尖，与上唇中齿同高，齿间缺弯深裂至喉部，各齿具发达的网状侧脉。花冠白色，有时稍带红晕，长1cm，冠筒稍稍伸出，长4.5mm，外面被稀疏的微柔毛，唇片与花冠筒成直角，中裂片极发达，椭圆状匙形，内凹，长4mm，宽2.6mm，先端急尖，后方一对裂片斜三角状卵圆形，微向前倾。花柱先端不相等2裂。花盘小，全缘。子房球形，密被泡状毛。小坚果倒卵形，长1.2mm，棕黑色，具极明显的网纹，合生面不达小坚果全长的1/2。

庐山香科科叶（徐正浩摄）

生物学特性： 花期4—7月，果期8—10月。

生境特征： 生于山地及原野。为在三衢山喀斯特地貌中的特色草本，生于山地、灌木丛、林下、石缝、路边、岩石阴湿处、草地、草坡、山甸、溪边等生境，在山地、岩石阴湿处、路

庐山香科科花序（徐正浩摄）

庐山香科科花期植株（徐正浩摄）

边等形成优势种群。

分布：中国长江以南以及河南等地有分布。

🌿 10. 华鼠尾草 *Salvia chinensis* Benth.

中文异名：石见穿、石打穿、月下红、野沙参

分类地位：植物界（Plantae）

被子植物门（Angiospermae）

双子叶植物纲（Dicotyledoneae）

唇形目（Lamiales）

唇形科（Lamiaceae）

鼠尾草属（*Salvia* Linn.）

华鼠尾草（*Salvia chinensis* Benth.）

形态学鉴别特征：一年生草本。根略肥厚，多分枝，紫褐色。茎直立或基部倾卧，高20~60cm，单一或分枝，钝四棱形，具槽，被短柔毛或长柔毛。叶全为单叶或下部具3片小叶的复叶，叶柄长0.1~7cm，疏被长柔毛，叶片卵圆形或卵圆状椭圆形，先端钝或锐尖，基部心形或圆形，边缘有圆齿或钝锯齿，两面除叶脉被短柔毛外余部近无毛，单叶叶片长1.3~7cm，宽0.8~4.5cm，复叶时顶生小叶片较大，长2.5~7.5cm，小叶柄长0.5~1.7cm，侧生小叶较小，长1.5~3.9cm，宽0.7~2.5cm，有极短的小叶柄。轮伞花序6朵花，在下部的疏离，上部较密集，组成长5~24cm顶生的总状花序或总状圆锥花序。苞片披针形，长2~8mm，宽0.8~2.3mm，先端渐尖，基部宽楔形或近圆形，在边缘及脉上被短柔毛，比花梗稍长。花梗长1.5~2mm，与花序轴被短柔毛。花

华鼠尾草茎叶（徐正浩摄）

华鼠尾草叶（徐正浩摄）

华鼠尾草花（徐正浩摄）

萼钟形，长4.5~6mm，紫色，外面沿脉上被长柔毛，内面喉部密被长硬毛环，萼筒长4~4.5mm，萼檐二唇形，上唇近半圆形，长1.5mm，宽3mm，全缘，先端有3个聚合的短尖头，具3条脉，两边侧脉有狭翅，下唇略长于上唇，长2mm，宽3mm，半裂成2个齿，齿长三角形，先端渐尖。花冠蓝紫色或紫色，长1cm，伸出花萼，外被短柔毛，内面离冠筒基部1.8~2.5mm有斜向的不完全疏柔毛毛环，冠筒长6.5mm，基部宽不及1mm，向上渐宽大，至喉部宽达3mm，

华鼠尾草花期植株（徐正浩摄）

冠檐二唇形，上唇长圆形，长3.5mm，宽3.3mm，平展，先端微凹，下唇长5mm，宽7mm，3裂，中裂片倒心形，向下弯，长4mm，宽7mm，顶端微凹，边缘具小圆齿，基部收缩，侧裂片半圆形，直立，宽1.25mm。能育雄蕊2枚，近外伸，花丝短，长1.75mm，药隔长4.5mm，关节处有毛，上臂长3.5mm，具药室，下臂瘦小，无药室，分离。花柱长1.1cm，稍外伸，先端不相等2裂，前裂片较长。花盘前方略膨大。小坚果椭圆状卵圆形，长1.5mm，径0.8mm，褐色，光滑。

生物学特性：花期8—10月。

生境特征：生于山坡、平地的林荫处或草丛中。在三衢山喀斯特地貌中生于山地、灌木丛、林下、石缝、路边、岩石阴湿处、山甸等生境。

分布：中国华东、华中、华南、西南等地有分布。

11. 硬毛地笋 *Lycopus lucidus* Turcz. var. *hirtus* Regel

中文异名：硬毛地瓜儿苗

英文名：bugleweed

分类地位：植物界（Plantae）

　　　　　　被子植物门（Angiospermae）

　　　　　　双子叶植物纲（Dicotyledoneae）

　　　　　　唇形目（Lamiales）

　　　　　　唇形科（Lamiaceae）

　　　　　　地笋属（*Lycopus* Linn.）

　　　　　　硬毛地笋（*Lycopus lucidus* Turcz. var. *hirtus* Regel）

形态学鉴别特征：多年生草本。根茎横走，白色，具节，节上密生须根，先端肥大呈圆柱形，节上具鳞叶及少数须根。茎常不分枝，四棱形，具槽，无毛或节稍紫红色，疏被微硬毛。株高80~120cm。叶长圆状披针形，长4~8cm，宽1~3cm，先端渐尖，基部楔形，边缘具粗牙齿

状锯齿，叶面有细伏毛，具光泽，叶背脉上有刚毛状硬毛，散生凹陷腺点。侧脉多对，与中脉在叶背隆起。叶柄极短或近无。轮伞花序球形，径1.2~1.5cm。小苞片卵形或披针形，刺尖，具小缘毛，外层小苞片长达5mm，具3条脉，内层小苞片长2~3mm，具1条脉。花萼钟状，长5mm，内面无毛，被腺点。萼齿5个，披针状三角形，长2mm，刺尖，具小缘毛。花冠白色，长5mm，冠檐被腺点，喉部被白色短柔毛，冠筒长3mm，冠檐稍二唇形，上唇近圆形，下唇3裂。前对雄蕊超出花冠，后对雄蕊退化成棍棒状。花盘平顶。花柱伸出花冠外。小坚果倒卵圆状四边形，长1.6mm，宽1.2mm，背面平，腹面具棱，褐色，有腺点。

生物学特性：花期7—10月，果期9—11月。

生境特性：生于湿地、田边、沟边、草丛。在三衢山喀斯特地貌中生于山地等生境。

分布：中国广布。东亚其他国家和北美洲也有分布。

硬毛地笋花期植株（徐正浩摄）　　　　硬毛地笋山地生境植株（徐正浩摄）

第9章

里白科 Gleicheniaceae

里白科（Gleicheniaceae）隶属里白目（Gleicheniales），具6属，含165种。里白科为里白目中分布最广的科。根状茎匍匐。叶多变，除 *Stromatopteris* Mett.属外，为假二叉分枝，脉离生。孢子囊群离轴着生，但非叶缘着生，具5~15个无盖圆形孢子囊。具1个横切、斜形环，含128~800个两侧或球形四面体孢子。孢子囊群和孢子囊同时成熟，孢子发育为表面隆起的原叶体，密生杵状毛。

1. 芒萁 *Dicranopteris pedata* (Houttuyn) Nakaike

中文异名：小里白、芒萁骨、山芒、山蕨

拉丁文异名：*Dicranopteris dichotoma* (Thunb.) Berhn

英文名：Old World forked fern

分类地位：植物界（Plantae）

    蕨类植物门（Pteridophyta）

      水龙骨纲（Polypodiopsida）

        里白目（Gleicheniales）

          里白科（Gleicheniaceae）

            芒萁属（*Dicranopteris* Bernh.）

              芒萁（*Dicranopteris pedata*（Houttuyn）Nakaike）

形态学鉴别特征：多年生草本。株高40~120cm。茎直立或蔓生，无限生长。根状茎横走，细长，褐棕色，密被深棕色节状毛。叶远生。叶柄圆柱形，褐禾秆色，有光泽，长度悬殊，可达50cm，基部以上光滑。叶片下面多少呈灰白色或灰蓝色，幼时沿羽轴及叶脉有黄色茸毛，叶片长24~56cm，叶片疏生。叶轴一回、二回或多回分叉，各回分叉的腋间有1个密被茸毛的休眠芽，密被柔毛，并有1对叶状苞片。第一回分叉处基部两侧有1对羽状深裂的阔

芒萁叶面（徐正浩摄）

芒萁叶背（徐正浩摄）

芒萁居群（徐正浩摄）

披针形羽片。末回羽片披针形，长15~25cm，宽4~6cm，齿状羽裂几达羽轴。裂片条形，长3~5cm，宽4~5mm，顶端钝或微凹。孢子囊群小，圆形，生于每组侧脉的上侧小脉的中部，有孢子囊5~7个。

生物学特性：喜酸性土壤。生于茶果园、苗圃、坡地及马尾松林下，为酸性土指示植物，多分布在具酸性土的丘陵山地。

生境特征：在三衢山喀斯特地貌中常生于山坡、草坡等生境。

分布：中国长江以南等地有分布。日本、越南、印度也有分布。

第10章

海金沙科 Lygodiaceae

　　海金沙科（Lygodiaceae）隶属莎草蕨目（Schizaeales），具1属，即海金沙属（*Lygodium* Sw.），含40种。分布于世界热带地区，一些种分布于亚洲东部和南美洲东部。叶轴、叶脉薄，柔韧，叶无限生长，叶轴缠绕攀缘，呈草质藤本状。

1. 海金沙　*Lygodium japonicum* (Thunb.) Sw.

中文异名：金沙藤、左转藤
英文名：vine-like fern, Japanese climbing fern
分类地位：植物界（Plantae）
　　　　　蕨类植物门（Pteridophyta）
　　　　　水龙骨纲（Polypodiopsida）
　　　　　莎草蕨目（Schizaeales）
　　　　　海金沙科（Lygodiaceae）
　　　　　海金沙属（*Lygodium* Sw.）
　　　　　海金沙（*Lygodium japonicum*（Thunb.）Sw.）

　　形态学鉴别特征：多年生攀缘草本。根茎细长，横走，黑褐色，密生有节的毛。茎无限生长。叶多数生于短枝两侧，短枝长3~8mm，顶端有被茸毛的休眠小芽。叶三回羽状，羽片多数。羽片异型，纸质，对生于叶轴的短枝两侧。叶和叶轴生有短毛。不育羽片三角形，长、宽

海金沙叶（徐正浩摄）

海金沙孢子叶（徐正浩摄）

海金沙苗（徐正浩摄）

海金沙岩石生境植株（徐正浩摄）

近相等，为10~12cm，二回羽状。小羽片掌状3裂。裂片短而宽，中间1片长3cm，宽6mm，边缘有浅锯齿。能育羽片卵状三角形，长与宽均为10~20cm。小羽片边缘生有流苏状的孢子囊穗，穗长2~5mm，排列稀疏，暗褐色。孢子囊生于小脉顶端，被由叶边外长出的一反折小瓣包裹，似囊群盖。孢子囊大，多少呈梨形，横生于短柄上，环带位于小头上，由几个厚壁细胞组成，以纵缝开裂。孢子表面有小疣。孢子四面体形，辐射对称，极面观为钝三角形，赤道观为半圆形，具3裂缝，具周壁，周壁具瘤状或网状纹饰。

生物学特性：孢子期5—11月。

生境特性：生于路边及山坡灌草丛中。在三衢山喀斯特地貌中习见，生于林下、山地、草坡、灌木丛、溪边、路边等生境，常攀缘生长，有时形成优势种群。

分布：中国长江以南，北达秦岭南坡等地有分布。日本、朝鲜、越南、澳大利亚也有分布。

2. 狭叶海金沙 *Lygodium microstachyum* Desv.

分类地位：植物界（Plantae）

蕨类植物门（Pteridophyta）

水龙骨纲（Polypodiopsida）

莎草蕨目（Schizaeales）

海金沙科（Lygodiaceae）

海金沙属（*Lygodium* Sw.）

狭叶海金沙（*Lygodium microstachyum* Desv.）

形态学鉴别特征：多年生草本。株高达3m。叶轴上面有两条狭边，羽片多数，对生于叶轴的距上，向两侧平展。距长5mm左右，端有一丛淡棕色柔毛。不育羽片长圆形，长8~15cm，基部宽几等于长，有长1~1.2cm的柄，柄和羽轴被短灰毛，两侧有狭边，一回羽状或几为二回羽状。一回羽片2~3对，互生，有短柄，不以关节着生，相距1~1.8cm，长5~10cm，掌状分裂，中央裂片最长，基部心脏形，两侧有1~2片短裂片，叶缘有细尖锯齿。主脉明显，侧脉纤细，

狭叶海金沙叶（徐正浩摄）

狭叶海金沙植株（徐正浩摄）

从主脉斜向上，二回至三回二叉分歧，直达锯齿。叶坚草质或纸质，干后绿褐色，两面沿中肋及脉有稀疏短毛。能育羽片卵状三角形，长尾头，长8~12cm，宽10cm，一回小羽片2~3对，互生。基部一对卵状三角形，先端长渐尖，一回羽状，基部有1~2对短裂片，卵状三角形或卵状披针形，长1.5~2cm，宽1~1.5cm。顶部一片披针形，长5~7cm，基部近心脏形，偶有1~2个汇合裂片。孢子囊穗线形，长3~4mm，排列较疏松，褐色，无毛。

狭叶海金沙居群（徐正浩摄）

生物学特性：孢子期5—11月。

生境特性：生于灌木丛中。在三衢山喀斯特地貌中生于林下、山地、草坡、灌木丛、溪边、路边等生境，常攀缘生长。

分布：中国华东、华南、西南等地有分布。日本、菲律宾、越南等国也有分布。

第11章

碗蕨科 Dennstaedtiaceae

碗蕨科（Dennstaedtiaceae）隶属水龙骨目（Polypodiales），具10属，含240种。世界广布，绝大多数分布于热带至暖温带地区，但非洲无分布。

1. 边缘鳞盖蕨 *Microlepia marginata* (Houtt.) C. Chr.

分类地位：植物界（Plantae）
蕨类植物门（Pteridophyta）
水龙骨纲（Polypodiopsida）
水龙骨目（Polypodiales）
碗蕨科（Dennstaedtiaceae）
鳞盖蕨属（*Microlepia* Presl）
边缘鳞盖蕨（*Microlepia marginata*（Houtt.）C. Chr.）

形态学鉴别特征：陆生中型植物。株高30~60cm。根状茎长，横走，密被锈色长柔毛。叶远生。叶柄长20~30cm，深禾秆色，几光滑。叶纸质，叶面多少被毛，长圆状三角形，长达55cm，宽13~25cm，一回羽状。羽片20~25对，基部对生，远离，上部互生，近生，有短柄。羽片披针形，长10~15cm，宽1~1.8cm，基部不等，上侧稍呈耳状突起，下侧楔形，边缘缺刻状或浅裂，裂片三角形，偏斜，全缘或有少数齿牙。叶脉羽状。孢子囊群圆形，生于羽片边缘的小脉先端，每裂片着生1粒至数粒。囊群盖半杯状，多少被短硬毛。

边缘鳞盖蕨孢子囊群（徐正浩摄）

边缘鳞盖蕨生境植株（徐正浩摄）

生物学特性：喜温暖、潮湿、疏松而富含腐殖质的土壤。

生境特征：生于林下、林缘、溪边等。三衢山喀斯特地貌中习见，生于溪边、山坡、山地、石缝、林下、灌木丛、路边、草地等生境。

分布：中国长江以南各地有分布。越南、日本、尼泊尔、印度、斯里兰卡也有分布。

2. 蕨 *Pteridium aquilinum* (Linn.) Kuhn

中文异名：蕨菜、拳头菜

拉丁文异名：*Pteridium aquilinum* (Linn.) Kuhn var. *latiusculum* (Desv.) Underw. ex Heller

英文名：bracken, brake or common bracken, eagle fern, Eastern brakenfern

分类地位：植物界（Plantae）

    蕨类植物门（Pteridophyta）

     水龙骨纲（Polypodiopsida）

      水龙骨目（Polypodiales）

       碗蕨科（Dennstaedtiaceae）

        蕨属（*Pteridium* Scopoli）

         蕨（*Pteridium aquilinum*（Linn.）Kuhn）

形态学鉴别特征：多年生草本。植株可达1m以上。根状茎长而粗，横生，表面被棕色茸毛，后渐脱落。叶远生，幼时拳卷，成熟后展开。叶柄长而粗壮，深禾秆色，基部黑褐色。叶轮廓三角形至广披针形，二回至四回羽状复叶，长60~100cm，宽30~50cm，革质。羽片10~15对，近对生或互生，斜向上，具柄，基部1对最大，长25~45cm，宽12~20cm，卵形或卵状披针形，先端长渐尖或尾尖，基部近截形，二回至三回深羽裂。小羽片10~15对，互生，斜展，有柄，卵形至长圆披针形，先端长渐尖或尾尖，基部近截形，下部的较大，长达20cm，宽10cm，一回羽状或二回深羽裂。

蕨叶（徐正浩摄）

二回小羽片12~15对，互生，近平展，有短柄，卵状披针形至狭披针形，先端尾状，基部缩狭近平截，长5~10cm，宽1.2~1.5cm，一回深羽裂。裂片5~11对，互生，近平展，无柄，矩圆形，长0.5~1.5cm，宽3~4mm，先端圆钝，基部稍狭。叶脉羽状，侧脉分叉，在叶面下凹，在叶背凸出。叶面无毛，叶背沿主脉、各回羽轴有淡棕色或灰白色细长毛。孢子囊棕黄色，在小羽片或裂片背面边缘集生成线形孢子囊群，被囊群盖和叶缘背卷所形成的膜质假囊群盖双层遮盖。

蕨山地生境植株（徐正浩摄）

蕨居群（徐正浩摄）

生物学特性：春季从根状茎长出新株。

生境特征：生于林缘、阳坡、茶园、果园及苗圃等。在三衢山喀斯特地貌中习见，生于山地、林下、林缘、山坡、山甸等生境。

分布：中国广布。世界热带、亚热带及温带地区有分布。

第12章

鳞始蕨科 Lindsaeaceae

　　鳞始蕨科（Lindsaeaceae）隶属水龙骨目（Polypodiales），具6或7属，含220种。一些种分布于亚洲东部、新西兰和南美洲的温带地区。根状茎短至常匍匐，具密筛孔状鳞片或钻状毛。叶片1~3级羽裂或更多级分裂，叶脉分离。孢子囊群边缘或近边缘着生。囊群盖向边缘开口，有时系于边上，或孢子囊群被反折的小叶片边缘覆盖。

1. 乌蕨 *Sphenomeris chinensis* (Linn.) Maxon

　　中文异名：乌韭、大叶金花草、小叶野鸡尾、细叶凤凰尾
　　分类地位：植物界（Plantae）
　　　　　　　　蕨类植物门（Pteridophyta）
　　　　　　　　水龙骨纲（Polypodiopsida）
　　　　　　　　水龙骨目（Polypodiales）
　　　　　　　　鳞始蕨科（Lindsaeaceae）
　　　　　　　　乌蕨属（*Spenomeris* Maxon）
　　　　　　　　乌蕨（*Sphenomeris chinensis*（Linn.）Maxon）
　　形态学鉴别特征：陆生中型植物。株高30~50cm。根状茎短而横走，粗壮，密被赤褐色的钻状鳞片。叶近生或近簇生，坚挺，草质。叶柄长15~50cm，具光泽，上面有纵沟，基部被鳞片，向上光滑。叶披针形、卵状披针形或长圆状披针形，长20~80cm，宽10~20cm，先端

乌蕨孢子囊群（徐正浩摄）

乌蕨植株（徐正浩摄）

渐尖或尾尖，基部不缩狭或缩狭，四回羽状。羽片15~25对，互生，具短柄，卵状披针形，长10~15cm，宽3~6cm，先端尾尖，基部楔形，近基部三回羽状。末回小羽片倒披针形或狭楔形，宽1.5~2mm，先端截形或圆截形，有不明显的小齿，基部楔形，下延。下部的末回小羽片常再分裂成具1~2条小脉的短裂片。叶脉明显，在小裂片上为二叉分枝。孢子囊群边缘着生，顶生于1~2条细脉上。囊群盖灰棕色，革质，半杯形，近全缘或多少啮蚀，宿存。

生物学特性：可耐5℃低温。

生境特征：生于林缘、沟边、路旁、山坡、林下。在三衢山喀斯特地貌中生于山地、草坡、岩石山地等生境。

分布：中国长江以南，北至陕西南部有分布。亚洲热带地区有分布。

第13章

乌毛蕨科 Blechnaceae

乌毛蕨科（Blechnaceae）隶属水龙骨目（Polypodiales），具24属，含240~260种。根部膨大，一些种匍匐状，如光叶藤蕨属（*Stenochlaena* J. Sm.）。多数种新叶常带红色。

1. 狗脊 *Woodwardia japonica* (Linn. f.) Sm.

中文异名：金毛狗脊、金狗脊

英文名：East Asian tree fern rhizome

分类地位：植物界（Plantae）

　　　　　蕨类植物门（Pteridophyta）

　　　　　水龙骨纲（Polypodiopsida）

　　　　　水龙骨目（Polypodiales）

　　　　　乌毛蕨科（Blechnaceae）

　　　　　狗脊属（*Woodwardia* Sm.）

　　　　　狗脊（*Woodwardia japonica*（Linn. f.）Sm.）

形态学鉴别特征：株高 80~120cm。根状茎粗壮，横卧，暗褐色，粗3~5cm，与叶柄基部密被鳞片。鳞片披针形或线状披针形，长1.5cm，先端长渐尖，有时为纤维状，膜质，全缘，深棕色，略有光泽，老时逐渐脱落。叶近生。叶柄长15~70cm，粗3~6mm，暗浅棕色，坚硬，下部密被与根状茎上相同而较小的鳞片，向上至叶轴逐渐稀疏，老时脱落，叶柄基部往往宿存于根状茎上。叶片长卵形，长25~80cm，下部宽18~40cm，先端渐尖，二回羽裂。顶生羽片卵状披针形或长三角状披针形，大于其下的侧生羽片，其基部一对裂片往往伸长，侧生羽片7~16对，下部的对生或近对生，向上的近对生或互生，斜展或略斜向上，无柄或近无柄，疏离，基部1对略缩短，下部羽片较长，相距3~7cm，线状披针形，长12~25cm，宽2~5cm，先端长渐尖，基部圆楔形或圆截形，上侧常与叶轴平行，羽状半裂。裂片11~16对，互生或近对生，基部1对缩小，下侧1片为圆形、卵形或耳形，长5~10mm，圆头，上侧1片亦较小，向上数对裂片较大，密接，斜展，椭圆形或卵形，偶为卵状披针形，长1.3~2.2cm，宽7~10mm，尖头或急尖头，边缘有细密锯齿，干后略反卷。叶脉明显，羽轴及主脉均为浅棕色，两面均隆起，在羽轴及主脉两侧各有1行狭长网眼，其外侧尚有若干不整齐的多角形网眼，其余小脉分离，单一或分叉，直达叶边。叶近革质，干后棕色或棕绿色，两面无毛或叶背疏被短柔毛。羽轴背面的下部密被棕色纤维状小

狗脊孢子囊群（徐正浩摄）　　　　　　　狗脊植株（徐正浩摄）

鳞片，向上逐渐稀疏。孢子囊群线形，挺直，着生于主脉两侧的狭长网眼上，有时也生于羽轴两侧的狭长网眼上，不连续，呈单行排列。囊群盖线形，质厚，棕褐色，成熟时开向主脉或羽轴，宿存。

生物学特性：孢子繁殖。

生境特征：生于疏林下、丘陵、山地、灌木丛等。在三衢山喀斯特地貌中习见，生于山地、林缘、路边、溪边等生境。

分布：中国长江流域以南等地有分布。朝鲜南部和日本也有分布。

第14章

鳞毛蕨科 Dryopteridaceae

鳞毛蕨科为"薄囊蕨类"植物科，俗称"木质蕨类"，隶属水龙骨目（Polypodiales），具20多属，含1700种。世界广布。陆生、岩生、半附生或附生。

根状茎常粗壮，匍匐，斜生或直立，有时伏生或攀缘，顶部被密筛孔状鳞片。叶形态统一，稀二型或有时鳞片状或腺状，但罕见多毛。叶柄常圆形，具维管束，呈1个环状，稀呈3个环状，而近轴的束为最大。叶脉羽状或叉状，分离至连接，叶脉和小脉副室有或无。孢子囊群常圆形，一些种中覆盖整个叶背面。常具囊群盖，或有时无。囊群盖圆状肾形或盾形。孢子囊3列，具短至长柄。孢子肾形，单裂缝，厚壁或翅状。

🌿 1. 贯众 *Cyrtomium fortunei* J. Sm.

分类地位：植物界（Plantae）

　　　　蕨类植物门（Pteridophyta）

　　　　　水龙骨纲（Polypodiopsida）/真蕨纲（Pteridopsida）

　　　　　水龙骨目（Polypodiales）

　　　　　　鳞毛蕨科（Dryopteridaceae）

　　　　　　贯众属（*Cyrtomium* Presl）

　　　　　　贯众（*Cyrtomium fortunei* J. Sm.）

形态学鉴别特征：陆生中型植物。株高30~60cm。细根多数，发达。根状茎粗短，直立或

贯众叶序（徐正浩摄）

贯众叶背（徐正浩摄）

贯众林下生境植株（徐正浩摄）

贯众石缝生境植株（徐正浩摄）

斜生，密被阔卵形或披针形鳞片。叶簇生，叶柄长10~25cm，基部密被大鳞片，向上渐疏。叶片长圆状披针形或披针形，一回羽状，羽片10~20对，互生或近对生，有短柄。叶脉网状，每网眼有内藏小脉1~2条。孢子囊群圆形，着生于内藏小脉中部或近顶端，囊群盖圆盾形，质厚，全缘。

生物学特性：孢子繁殖。

生境特征：生于林下、山地丘陵。在三衢山喀斯特地貌中习见，生于石缝、岩石阴湿处、山地、路边、溪边等。

分布：除台湾外，中国长江以南有分布。日本、朝鲜也有分布。

2. 阔鳞鳞毛蕨 *Dryopteris championii* (Benth.) C. Chr. ex Ching

分类地位：植物界（Plantae）

蕨类植物门（Pteridophyta）

水龙骨纲（Polypodiopsida）/真蕨纲（Pteridopsida）

水龙骨目（Polypodiales）

鳞毛蕨科（Dryopteridaceae）

鳞毛蕨属（*Dryopteris* Adans.）

阔鳞鳞毛蕨（*Dryopteris championii*（Benth.）C. Chr. ex Ching）

形态学鉴别特征：陆生中型植物。株高40~80cm。根状茎横卧或斜生。叶簇生，纸质，干后褐绿色，卵状披针形，长24~60cm，宽20~30cm，羽裂渐尖头或长尖头，二回羽状或三回羽状。羽片10~15对，披针形或线状披针形，基部羽片长10~20cm，宽3~6cm，有柄。小羽片8~13对，卵形或卵状披针形，长2~3cm，宽0.7~1cm，基部宽楔形或浅心形，圆钝头并具细尖齿，具粗齿或深羽裂，裂片圆钝头，顶端具尖齿，叶脉羽状，在叶面不显，在叶背可见，具短柄或无柄。叶轴密被具齿宽披针形鳞片，羽轴和主脉具棕色泡状鳞片。叶柄长30~40cm，禾秆色，连同叶轴密被具尖齿鳞片。孢子囊群大，在小羽片中脉两侧或裂片两侧各1行，位于中脉

阔鳞鳞毛蕨叶面（徐正浩摄）

阔鳞鳞毛蕨叶背（徐正浩摄）

与边缘之间或略靠近边缘着生。囊群盖圆肾形，全缘。

生物学特性：陆生中型植物。

生境特征：生于林下、林缘、山坡、沟边、石坎和石缝等。在三衢山喀斯特地貌中习见，生于山地、草坡、林下、灌木丛等生境，在山地区域常形成优势种群。

分布：中国华东、华中、华南、西南等地有分布。

阔鳞鳞毛蕨林下生境植株（徐正浩摄）

第15章

绣球科 Hydrangeaceae

绣球科（Hydrangeaceae）隶属山茱萸目（Cornales），具7~9属，含220种。广泛分布于亚洲和北美洲，以及欧洲东南部地区。

叶对生，稀轮生或互生。花瓣常4片，稀5~12片。果实为蒴果或浆果，内含几粒种子。种子具肉质内胚乳。

1. 草绣球 *Cardiandra moellendorffii* (Hance) Migo

中文异名：人心药、八仙花

分类地位：植物界（Plantae）

    被子植物门（Angiospermae）

      双子叶植物纲（Dicotyledoneae）

        山茱萸目（Cornales）

          绣球科（Hydrangeaceae）

            草绣球属（*Cardiandra* Sieb. et Zucc.）

              草绣球（*Cardiandra moellendorffii*（Hance）Migo）

形态学鉴别特征：多年生草本或亚灌木。具根状茎。茎干后淡褐色，稍具纵纹。株高0.4~1m。单叶对生，或有时互生，纸质，椭圆形或倒长卵形，长6~13cm，宽2~5cm，先端渐尖，基部下延成楔形，具粗长锯齿，叶面被糙伏毛，叶背疏被柔毛或仅脉上有疏毛。侧脉7~9

草绣球花（徐正浩摄）

草绣球花期生境植株（徐正浩摄）

对。叶柄长1~3cm，近无毛。伞房状聚伞花序顶生。不育花萼片2~3片，近等大，阔卵形至近圆形，长5~15mm，先端圆或稍尖，基部近平截。孕性花萼筒杯状，长1.5~2mm。花瓣宽椭圆形至近圆形，长2.5~3mm，淡红色或白色。雄蕊15~25枚，稍短于花瓣。子房3室，花柱3个。蒴果近球形或卵球形，不连花柱长3~3.5mm，宽2.5~3mm。种子棕褐色，长圆形或椭圆形，扁平。

生物学特性：花期7—8月，果期9—10月。

生境特征：生于路边草丛、林下、溪沟边等。在三衢山喀斯特地貌中生于灌木丛、草坡、岩石山地等生境。

分布：中国华东、华中、华南等地有分布。

第16章

葫芦科 Cucurbitaceae

葫芦科（Cucurbitaceae）隶属葫芦目（Cucurbitales），具98属，含975种。大多数分布于热带和亚热带地区。对霜敏感。多为一年生草质藤本，但一些为木质藤本、刺灌木或乔木。多数种花大，黄色或白色。茎生毛，五角状。卷须与叶柄呈直角。单叶互生，叶片具锯齿或掌状复叶。无托叶。花单性，雌雄异株或雌雄同株。雌花子房下位。果实为瓠果。

1. 赤瓟 *Thladiantha dubia* Bunge

分类地位：植物界（Plantae）

被子植物门（Angiospermae）

双子叶植物纲（Dicotyledoneae）

葫芦目（Cucurbitales）

葫芦科（Cucurbitaceae）

赤瓟属（*Thladiantha* Bunge）

赤瓟（*Thladiantha dubia* Bunge）

形态学鉴别特征：攀缘草质藤本，全株被黄白色的长柔毛状硬毛。根块状。茎稍粗壮，有棱沟。叶柄稍粗，长2~6cm。叶片宽卵状心形，长5~8cm，宽4~9cm，边缘浅波状，有大小不等的细齿，先端急尖或短渐尖，基部心形，弯缺深，近圆形或半圆形，深1~1.5cm，宽1.5~3cm，两面粗糙，脉上有长硬毛，最基部1对叶脉沿叶基弯缺边缘向外展开。卷须纤细，被长柔毛，单一。雌雄异株。雄花单生或聚生于短枝的上端，呈假总状花序，有时2~3朵花生于总梗上，花梗细长，长1.5~3.5cm，被柔软的长柔毛。花萼筒极短，近辐状，长3~4mm，上端径7~8mm，裂片披针形，向外反折，长12~13mm，宽2~3mm，具3条脉，两面有长柔毛。花冠黄色，裂片长圆形，长2~2.5cm，宽0.8~1.2cm，上部向外反折，先端稍急尖，具5条明显的脉，外面被短柔毛，内面有极短的疣状腺点。雄蕊5枚，着生在花萼筒檐部，其中1枚

赤瓟茎叶（徐正浩摄）

赤瓟果期生境植株（徐正浩摄）

赤瓟林下生境植株（徐正浩摄）

分离，其余4枚两两稍靠合，花丝极短，有短柔毛，长2~2.5mm，花药卵形，长2mm。退化子房半球形。雌花单生，花梗细，长1~2cm，有长柔毛。花萼和花冠雌雄花。退化雌蕊5枚，棒状，长2mm。子房长圆形，长0.5~0.8cm，外面密被淡黄色长柔毛，花柱无毛，自3~4mm处分3叉，分叉部分长3mm，柱头膨大，肾形，2裂。果实卵状长圆形，长4~5cm，径2.8cm，顶端有残留的柱基，基部稍变狭，表面橙黄色或红棕色，有光泽，被柔毛，具10条明显的纵纹。种子卵形，黑色，平滑无毛，长4~4.3mm，宽2.5~3mm，厚1.5mm。

生物学特性：花期6—8月，果期8—10月。

生境特征：生于山坡、河谷及林缘湿处。三衢山喀斯特地貌中生于林下、灌木丛、草坡、岩石山地等生境，常缠绕或匍匐生长。

分布：中国东北、华北、华东、西北等地有分布。

2. 绞股蓝 *Gynostemma pentaphyllum* (Thunb.) Makino

英文名：five-leaf ginseng, poor man's ginseng, miracle grass, fairy herb, sweet tea vine, gospel herb, southern ginseng

分类地位：植物界（Plantae）

被子植物门（Angiospermae）

双子叶植物纲（Dicotyledoneae）

葫芦目（Cucurbitales）

葫芦科（Cucurbitaceae）

绞股蓝属（*Gynostemma* Bl.）

绞股蓝（*Gynostemma pentaphyllum*（Thunb.）Makino）

形态学鉴别特征：草质攀缘植物。茎细弱，具分枝、纵棱及槽，无毛或疏被短柔毛。叶膜质或纸质，鸟足状，具3~9片小叶，通常5~7片小叶，叶柄长3~7cm，被短柔毛或无毛。小叶片卵状长圆形或披针形，中央小叶长3~12cm，宽1.5~4cm，侧生叶较小，先端急尖或短渐尖，基

绞股蓝茎叶（徐正浩摄）

绞股蓝生于叶腋的卷须（徐正浩摄）

部渐狭，边缘具波状齿或圆齿状牙齿，叶面深绿色，叶背淡绿色，两面均疏被短硬毛，侧脉6~8对，在叶面平坦，在叶背凸起，细脉网状。小叶柄长1~5mm。卷须纤细，二歧，稀单一，无毛或基部被短柔毛。花雌雄异株。雄花圆锥花序，花序轴纤细，多分枝，长10~30 cm，分枝广展，长3~15 cm，有时基部具小叶，被短柔毛。花梗丝状，长1~4mm，基部具钻状小苞片。花萼筒极短，5裂，裂片三角形，长0.7mm，先端急尖。花冠淡绿色或白色，5深裂，裂片卵状披针形，长2.5~3mm，宽1mm，先端长渐尖，具1条脉，边缘具缘毛状小齿。雄蕊5枚，花丝短，联合成柱，花药着生于柱的顶端。雌花圆锥花序远较雄花的短小，花萼及花冠似雄花。子房球形，具2~3室，花柱3个，柱头2裂，具短小的退化雄蕊5枚。果实肉质不裂，球形，径5~6mm，成熟后黑色，光滑无毛，内含倒垂种子2粒。种子卵状心形，径4mm，灰褐色或深褐色，顶端钝，基部心形，压扁，两面具乳头状突起。

绞股蓝生境植株（徐正浩摄）

生物学特性：花期3—11月，果期4—12月。

生境特征：生于山谷密林、山坡疏林、灌丛或路旁草丛。在三衢山喀斯特地貌中生于石缝、岩石山地等生境。

分布：中国陕西南部和长江以南等地有分布。印度、尼泊尔、孟加拉国、斯里兰卡、缅甸、老挝、越南、马来西亚、印度尼西亚、新几内亚、朝鲜和日本等也有分布。

3. 马㽱儿 *Zehneria indica* (Lour.) Keraudren

中文异名：野梢瓜

分类地位：植物界（Plantae）

被子植物门（Angiospermae）

双子叶植物纲（Dicotyledoneae）

葫芦目（Cucurbitales）

葫芦科（Cucurbitaceae）

马㽱儿属（*Zehneria* Endl.）

马㽱儿（*Zehneria indica*（Lour.）Keraudren）

形态学鉴别特征：一年生草本。攀缘或平卧。茎、枝纤细，疏散，有棱沟，无毛。卷须不分歧，丝状。叶膜质，三角状卵形、卵状心形或戟形，长3~5cm，宽2~4cm，先端或渐尖，基部弯缺半圆形，不分裂或3~5浅裂，分裂时中间的裂片较长，三角形或披针状长圆形，侧裂片较小，三角形或披针状三角形，具疏生波状锯齿或稀近全缘。叶面深绿色，粗糙，脉上有极短的柔毛，叶背淡绿色，无毛。脉掌状。叶柄细，长2.5~3.5cm，初时有长柔毛，后变无毛。雌雄同株。雄花单生或几朵簇生；花序梗纤细，极短，无毛，花梗丝状，长3~5mm，无毛；花萼宽钟形，裂片钻形，长1~1.5mm，基部急尖或稍钝；花冠淡黄色，裂片长圆形或卵状长圆形，长2~2.5mm，宽1~1.5mm，有极短的柔毛；雄蕊3枚，2枚2室，1枚1室，有时全部2室，生于花萼筒基部；花丝短，长0.5mm；花药卵状长圆形或长圆形，有毛，长1mm，药室稍弓曲，药隔宽，稍伸出，退化子房球形。雌花与雄花同一叶腋内单生，稀双生；花梗丝

马㽱儿花（徐正浩摄）

马㽱儿果实（徐正浩摄）

马㽱儿果期植株（徐正浩摄）

状，长1~2cm，无毛；花萼与雄花同形；花冠阔钟形，径3~4mm；裂片披针形，长2.5~3mm，宽1~1.5mm，先端稍钝；子房纺锤形，平滑，有疣状突起，长3.5~4mm，径1~2mm；花柱短，长1.5mm，柱头3裂，退化雄蕊腺体状。果实长圆形或狭卵形，两端钝，外面无毛，长1~1.5cm，宽0.5~1cm，熟后橘红色或红色。果梗纤细，长2~3cm，无毛。种子卵形，长3~5mm，宽3~4mm，灰白色，基部稍变狭，边缘不明显。

生物学特性：花期4—7月，果期7—10月。

生境特性：生于林下阴湿处、灌丛中、路旁、田间、沟边。在三衢山喀斯特地貌中生于山地、林下、疏灌木丛等生境。

分布：中国华东、华中、华南、西南等地有分布。日本、朝鲜、越南、菲律宾等国也有分布。

第17章

卷柏科 Selaginellaceae

卷柏科（Selaginellaceae）隶属卷柏目（Selaginllales），仅1属，主要分布于热带地区。

卷柏科植物匍匐或斜生，具鳞叶，自根部抽出。茎水平匍匐（如小翠云 *Selaginella kraussiana* (Kunze) A. Braun），半直立（如粗叶卷柏 *Selaginella trachyphylla* Hieron）或直立（如火焰卷柏 *Selaginella erythropus* (Mart.) Spring）。茎具原生中柱，不含髓。小叶具分支脉。小叶和孢子叶上表面均具鳞状叶舌。具异形孢子，即大孢子和小孢子。

1. 翠云草 *Selaginella uncinata* (Desv. ex Poir.) Spring

英文名：blue spikemoss, peacock moss, peacock spikemoss, spring blue spikemoss

分类地位：植物界（Plantae）

   石松门（Lycopodiophyta）

    石松纲（Lycopodiopsida）

     卷柏目（Selaginellales）

      卷柏科（Selaginellaceae）

       卷柏属（*Selaginella* P. Beauv.）

        翠云草（*Selaginella uncinata*（Desv. ex Poir.）Spring）

形态学鉴别特征：土生，主茎先直立而后攀缘状，长50~100cm或更长，无横走地下茎。根托只生于主茎的下部或沿主茎断续着生，自主茎分叉处下方生出，长3~10cm，径0.1~0.5mm，根少分叉，被毛。主茎自近基部羽状分枝，不呈"之"字形，无关节，禾秆色，主茎下部径1~1.5mm，茎圆柱状，具沟槽，无毛，维管束1条，主茎顶端不呈黑褐色，主茎先端鞭形，侧枝5~8对，二回羽状分枝，小枝排列紧密，主茎上相邻分枝相距5~8cm，分枝无毛，背腹压扁，末回分枝连叶宽3.8~6mm。叶全部交互排列，二型，草质，表面光滑，具虹彩，边缘全缘，明显具白边，主茎上的叶排列较疏，较分枝上的大，二型，绿色。主茎上的腋叶明显大于分枝上的，肾形或略心形，3mm×4mm，分枝上的腋叶对称，宽椭圆形或心形，边缘全缘，基部不呈耳状，近心形。中叶不对称，主茎上的明显大于侧枝上的，侧枝上的叶卵圆形，背部不呈龙骨状，先端与轴平行或交叉或常向后弯，长渐尖，基部钝，边缘全缘。侧叶不对称，主茎上的明显大于侧枝上的，分枝上的长圆形，外展，紧接，先端急尖或具短尖头，边缘全缘。上侧基部不扩大，不覆盖小枝，上侧边缘全缘，下侧基部圆形，下侧边缘全缘。孢子叶穗紧密，四棱

翠云草植株（徐正浩摄）

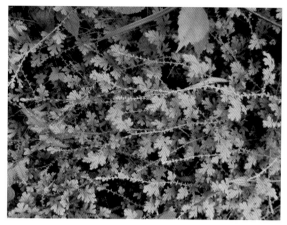

翠云草居群（徐正浩摄）

柱形，单生于小枝末端。孢子叶一型，卵状三角形，边缘全缘，具白边，先端渐尖，龙骨状。大孢子叶分布于孢子叶穗下部的下侧或中部的下侧或上部的下侧。大孢子灰白色或暗褐色，小孢子淡黄色。

生物学特性：喜温暖湿润的半阴环境。

生境特征：生于阴湿草坡、岩洞内、湿石上或石缝中。在三衢山喀斯特地貌中生于林下、疏灌木丛、草坡、岩石山地等生境。

分布：中国特有草本植物。分布于中国华东、华南、华中、西南等地。

2. 江南卷柏 *Selaginella moellendorffii* Hieron.

分类地位：植物界（Plantae）

　　　　　　石松门（Lycopodiophyta）

　　　　　　石松纲（Lycopodiopsida）

　　　　　　卷柏目（Selaginellales）

　　　　　　卷柏科（Selaginellaceae）

　　　　　　卷柏属（*Selaginella* P. Beauv.）

　　　　　　江南卷柏（*Selaginella moellendorffii* Hieron.）

形态学鉴别特征：土生或石生，直立，高20~55cm，具横走的地下根状茎和游走茎，其上生鳞片状淡绿色的叶。根托只生于茎的基部，长0.5~2cm，径0.4~1mm，根多分叉，密被毛。主茎中上部羽状分枝，不呈"之"字形，无关节，禾秆色或红色，不分枝的主茎高5~25cm，主茎下部径1~3mm，茎圆柱状，不具纵沟，光滑无毛，内具维管束1条。侧枝5~8对，二回至三回羽状分枝，小枝较密且排列规则，主茎上相邻分枝相距2~6cm，分枝无毛，背腹压扁，末回分枝连叶宽2.5~4mm。叶（除不分枝主茎上的以外）交互排列，二型，草质或纸质，表面光滑，边缘不为全缘，具白边。不分枝主茎上的叶排列较疏，不大于分枝上的，一型，绿色、黄色或红色，三角形，鞘状或紧贴，边缘有细齿。主茎上的腋叶不明显大于分枝上的，卵形或阔卵形，平截，分枝上的腋叶对称，卵形，边缘有细齿。中叶不对称，小枝上的叶卵圆形，覆瓦状排列，背部不呈龙骨状或略呈龙骨状，先端与轴平行或顶端交叉，并具芒，基部斜，近心形，边缘有细齿。侧叶不对称，主茎上的较侧枝上的大，分枝上的侧叶卵状三角形，略向上，排列紧密，先端急尖，边缘有细齿，上侧边缘基部扩大，变宽，但不覆盖小枝，边缘有细齿，下侧边缘基部略膨大，近全缘（基部有细齿）。孢子叶穗紧密，四棱柱形，单生于小枝

江南卷柏岩石生境植株（徐正浩摄）

末端。孢子叶一型，卵状三角形，边缘有细齿，具白边，先端渐尖，龙骨状。大孢子叶分布于孢子叶穗中部的下侧。大孢子浅黄色，小孢子橘黄色。

生物学特性：低矮蕨类植物。

生境特征：生于岩石缝中。在三衢山喀斯特地貌中生于林下、山地、疏灌木丛、草坡等生境。

分布：中国华东、华中、华南、西南以及甘肃、河南、陕西等地有分布。越南、柬埔寨、菲律宾等国也有分布。

第18章

荨麻科 Urticaceae

荨麻科（Urticaceae）隶属蔷薇目（Rosales），具53属，含2625种。荨麻科植物为灌木、木质藤本或草本，稀为乔木。叶片常全缘，或具锯齿，常具托叶。常具刺毛。花通常单性，雌雄同株或雌雄异株，风媒花。花粉在雄蕊成熟和花丝伸长时散开。

1. 大叶苎麻 *Boehmeria japonica* (Linn. f.) Miq.

中文异名：山苎麻

拉丁文异名：*Boehmeria longispica* Steud.

分类地位：植物界（Plantae）

被子植物门（Angiospermae）

双子叶植物纲（Dicotyledoneae）

蔷薇目（Rosales）

荨麻科（Urticaceae）

苎麻属（*Boehmeria* Jacq.）

大叶苎麻（*Boehmeria japonica*（Linn. f.）Miq.）

形态学鉴别特征：亚灌木或多年生草本。茎上部被较密糙毛。株高达150cm。叶对生，近圆形、圆卵形或卵形，长7~26cm，先端骤尖，基部宽楔形或平截，具7~12对粗牙齿，叶面被糙伏毛，叶背沿脉网被柔毛，叶缘上部牙齿长1.5~2cm，较下部牙齿长3~5倍。叶柄长6~8cm。穗状花序单生于叶腋，雄花序长3cm，雌花序长7~30cm。雄团伞花序径1.5mm，有3朵花。雌团伞花序径2~4mm，有多朵花。苞片长0.8~1.5mm。雄花的花被片4片，椭圆形，长1mm，基部合生，雄蕊4枚。雌花的花被片长1~1.2mm，顶端具2个小齿。瘦果倒卵球形，长1mm，光滑。种子细小。

生物学特性：花果期6—9月。

生境特性：生于山坡草丛、路旁乱石处。在三衢山喀斯特地貌中生于山地、岩石阴湿处、

大叶苎麻花期灌草丛植株（徐正浩摄）

石缝、溪边、灌木丛等生境。

分布：中国华东、华中、华南、西南、华北以及陕西等地有分布。日本也有分布。

2. 苎麻 *Boehmeria nivea* (Linn.) Gaud.

中文异名：野麻，野苎麻，家麻，苎仔，青麻，白麻

英文名：ramie, ramee

分类地位：植物界（Plantae）

被子植物门（Angiospermae）

双子叶植物纲（Dicotyledoneae）

蔷薇目（Rosales）

荨麻科（Urticaceae）

苎麻属（*Boehmeria* Jacq.）

苎麻（*Boehmeria nivea*（Linn.）Gaud.）

形态学鉴别特征：亚灌木或灌木，高0.5~1.5m。茎上部与叶柄均密被开展的长硬毛与近开展和贴伏的短糙毛。叶互生，叶片草质，通常圆卵形或宽卵形，少数卵形，长6~15cm，宽4~11cm，顶端骤尖，基部近截形或宽楔形，边缘在基部之上有牙齿，叶面稍粗糙，疏被短伏毛，叶背密被雪白色毡毛，侧脉3对。叶柄长2.5~9.5cm。托叶分生，钻状披针形，长7~11mm，背面被毛。圆锥花序腋生，或植株上部的为雌性，下部的为雄性，或同一植株的全为雌性，长2~9cm。雄团伞花序径1~3mm，有少数雄花。雌团伞花序径0.5~2mm，有多数密集的雌花。雄花：花被片4片，狭椭圆形，长1.5mm，合生至中部，顶端急尖，外面有疏柔毛；雄蕊4枚，长2mm，花药长0.6mm；退化雌蕊狭倒卵球形，长0.7mm，顶端有短柱头。雌花：花被片椭圆形，长0.6~1mm，顶端有2~3个小齿，外面有短柔毛，在果期菱状倒披针形，长0.8~1.2mm。柱头丝形，长0.5~0.6mm。瘦果近球形，长0.6mm，光滑，基部突缩成细柄。种子具直生的胚。

生物学特性：花期8—10月。

苎麻花序（徐正浩摄）

苎麻灌草丛生境植株（徐正浩摄）

苎麻山地生境植株（徐正浩摄）　　　　　　苎麻岩石生境植株（徐正浩摄）

生境特征：生于山谷林边或草坡。在三衢山喀斯特地貌中习见，生于山地、草地、草坡、岩石阴湿处、路边、溪边、石缝等生境。

分布：中国华东、华中、华南、西南等地有分布。越南、老挝等国也有分布。

3. 小赤麻 *Boehmeria spicata* (Thunb.) Thunb.

分类地位：植物界（Plantae）

被子植物门（Angiospermae）

双子叶植物纲（Dicotyledoneae）

蔷薇目（Rosales）

荨麻科（Urticaceae）

苎麻属（*Boehmeria* Jacq.）

小赤麻（*Boehmeria spicata*（Thunb.）Thunb.）

形态学鉴别特征：多年生草本或亚灌木。茎高40~100cm，常分枝，疏被短伏毛或近无毛。叶对生，叶片薄草质，卵状菱形或卵状宽菱形，长2.4~7.5cm，宽1.5~5cm，顶端长骤尖，基部宽楔形，边缘每侧在基部之上有3~8个大牙齿（上部牙齿常狭三角形），两面疏被短伏毛或近无毛，侧脉1~2对。叶柄长1~6.5cm。穗状花序单生于叶腋，雌雄异株或雌雄同株，此时，茎上部的为雌性，下部的为雄性，雄的长2.5cm，雌的长4~10cm。雄花：无梗；花被片3~4片，椭圆形，长1mm，下部合生，外面有稀疏短毛；雄蕊3~4枚，花药近圆形；退化雌蕊椭圆形，长0.5mm。雌花：花被片近狭椭圆形，长0.6mm，齿不明显，外面有短柔毛，果期呈菱

小赤麻花期茎叶（徐正浩摄）

小赤麻叶（徐正浩摄）　　　　　　　　　　小赤麻岩石阴生处居群（徐正浩摄）

状倒卵形或宽菱形，长1mm；柱头长1~1.2mm。

生物学特性：花期6—8月。

生境特性：生于丘陵或低山草坡、石上、沟边。在三衢山喀斯特地貌中生于灌木丛、山坡、溪边、林缘、路边、岩石阴湿处等生境。

分布：中国华东、华中等地有分布。朝鲜、日本也有分布。

4. 糯米团 *Gonostegia hirta* (Bl.) Miq.

中文异名：糯米草、糯米藤、红石藤、蔓苎麻

分类地位：植物界（Plantae）

被子植物门（Angiospermae）

双子叶植物纲（Dicotyledoneae）

蔷薇目（Rosales）

荨麻科（Urticaceae）

糯米团属（*Gonostegia* Turcz.）

糯米团 *Gonostegia hirta*（Bl.）Miq.

形态学鉴别特征：多年生草本。茎匍匐或倾斜，长可达1m，通常分枝，有白色短柔毛。叶对生，卵形或卵状披针形，长3~10cm，宽1~4cm，顶端渐尖，基部浅心形，全缘，表面密生点状钟乳体和散生柔毛，背面叶脉上有柔毛。基脉三出，直达叶尖。叶柄短或近无柄。花淡绿色，单性，雌雄同株。雄花簇生于上部的叶腋，花被片5片，背面有1个横脊，上部有柔毛。雌花簇生于稍下部的叶腋，花被管状，外被白色柔毛。柱头钻形，密生短毛，具脱落性。瘦果卵状三角形，黑色，有纵肋，先端尖锐，完全为花被管所包裹。种子长1.2mm。

生物学特性：花果期8—9月，果期9—10月。

生境特性：生于山坡、溪旁或林下阴湿处。在三衢山喀斯特地貌中生于疏灌木丛、草地、山坡、溪边、林下、山间、路边、山地、石缝、岩石阴湿处等生境，在疏灌木丛、山地等生境

糯米团叶（徐正浩摄）

糯米团花序（徐正浩摄）

糯米团植株（徐正浩摄）

糯米团居群（徐正浩摄）

常形成优势种群。

分布：中国长江以南地区有分布。亚洲东南部及大洋洲也有分布。

第19章

毛茛科 Ranunculaceae

毛茛科（Ranunculaceae）隶属毛茛目（Ranunculales），具43属，含2000多种。毛茛科植物为一年生或多年生草本，一些为木质藤本，如铁线莲属（*Clematis* Linn.），或灌木，如黄根木属（*Xanthorhiza* Marshall）。一些多年生种具根状茎。茎无刺。叶多变，多数种具基生叶和茎生叶，复叶或具裂，有时为单叶。叶常互生，有时对生或轮生。花常两性，鲜艳或不显；常辐射对称，而乌头属（*Aconitum* Linn.）和翠雀属（*Delphinium* Linn.）为两侧对称；单生，或呈聚伞、圆锥或穗状花序。萼片、花瓣、雄蕊和心皮常分离，而萼片和花瓣为4片或5片。果实多离生，为蓇葖果或瘦果，少数为浆果。

1. 天葵 *Semiaquilegia adoxoides* (DC.) Makino

中文异名：千年耗子屎、老鼠屎草

分类地位：植物界（Plantae）

　　　　被子植物门（Angiospermae）

　　　　双子叶植物纲（Dicotyledoneae）

　　　　毛茛目（Ranunculales）

　　　　毛茛科（Ranunculaceae）

　　　　天葵属（*Semiaquilegia* Makino）

　　　　天葵（*Semiaquilegia adoxoides*（DC.）Makino）

形态学鉴别特征：多年生草本。块根椭圆形或纺锤形，棕黑色，断面白色。茎丛生，上部具分枝，疏被白色柔毛。株高10~25cm。基生叶多数，掌状三出复叶。小叶扇状菱形或倒卵状菱形，长1.5~3cm，宽1~2.5cm，3深裂，边缘疏生粗齿，两面无毛。叶柄长5~7cm，基部扩大呈鞘。茎生叶较小。花小，径5mm。花梗纤细，长1~2.5cm，被伸展的白色短毛。萼片白色或淡紫色，狭椭圆形，长4~6mm，宽1~2mm，先端急尖。花瓣匙形，长3mm，先端近截形，基部囊状。退化雄蕊2枚，线状披针形，白膜质，与花丝近等长。雄蕊8~14枚，花药椭圆形。心皮3~5个，花柱短。蓇葖果卵状长椭圆形，表面具凸起的横向脉纹。种子卵状椭圆形，表面有许多小瘤状突起。

生物学特性：花期3—4月，果期4—5月。

天葵花（徐正浩摄）

天葵花期林下山地生境植株（徐正浩摄）

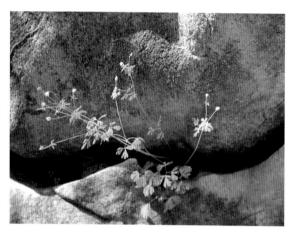

天葵花期石缝生境植株（徐正浩摄）

天葵果期岩石生境植株（徐正浩摄）

　　生境特性：生于山坡旱地、园区、林缘、路旁、沟边及阴湿处。在三衢山喀斯特地貌中习见，生于山地、草坡、岩石阴湿处、石缝、路边、疏灌木丛、草地等生境，在岩石阴湿处、石缝、疏灌木丛等生境常形成优势种群。

　　分布：中国东北、华东、华中、华南、西南等地有分布。日本也有分布。

2. 还亮草　*Delphinium anthriscifolium* Hance

　　中文异名：鱼灯苏

　　分类地位：植物界（Plantae）

　　　　　　　被子植物门（Angiospermae）

　　　　　　　　双子叶植物纲（Dicotyledoneae）

　　　　　　　　　毛茛目（Ranunculales）

　　　　　　　　　　毛茛科（Ranunculaceae）

　　　　　　　　　　　翠雀属（*Delphinium* Linn.）

　　　　　　　　　　　　还亮草（*Delphinium anthriscifolium* Hance）

还亮草花（徐正浩摄）

还亮草果实（徐正浩摄）

形态学鉴别特征：一年生草本。茎直立或斜生，具分枝，无毛或疏被白色柔毛。株高10~80cm。叶互生，二回至三回羽状复叶，有时为三出复叶，菱状卵形或三角状卵形，长5~11cm，宽4.5~8cm。羽片2~4对，对生，稀互生，下部羽片狭卵形，先端长渐尖，通常分裂至中脉，末位裂片狭卵形或披针形，通常宽2~4mm，叶面疏被短柔毛，叶背无毛或近无毛。叶柄长3~7cm，无毛或近无毛。总状花序有花2~15朵，花序轴和花梗被反卷柔毛。苞片叶状。

还亮草岩石生境植株（徐正浩摄）

花梗长0.4~1.2cm。小苞片生于花梗中部，披针状线形。花径不超过1.5cm。萼片椭圆形至长圆形，长6~11mm，外疏被短柔毛。萼距钻形或圆锥状钻形，长5~15mm。花瓣紫色，无毛，上部变宽，具不等3个齿。退化雄蕊与萼片同色，无毛，瓣片扇形，2深裂近基部，基部无花冠状突起。雄蕊无毛。心皮3个。子房疏被短毛或近无毛。蓇葖果长1~1.5cm。种子扁球形，径2~3mm，上部有螺旋状生长的横膜翅，下部有5条同心的横膜翅。

生物学特性：花期3—4月，果期4—5月。

生境特性：生于山坡、林缘、草丛等。在三衢山喀斯特地貌中习见，生于林下、山坡、草地、路边、岩石山地、石缝、岩石阴湿处、疏灌木丛等生境，在岩石山地、岩石阴湿处、路边等生境形成优势种群。

分布：中国华东、华中、华南、西南等地有分布。

3. 短尾铁线莲 *Clematis brevicaudata* DC.

中文异名：林地铁线莲、石通、连架拐

分类地位：植物界（Plantae）

被子植物门（Angiospermae）

双子叶植物纲（Dicotyledoneae）

毛茛目（Ranunculales）

毛茛科（Ranunculaceae）

铁线莲属（*Clematis* Linn.）

短尾铁线莲（*Clematis brevicaudata* DC.）

形态学鉴别特征：藤本。枝有棱，小枝疏生短柔毛或近无毛。一回至二回羽状复叶或二回三出复叶，有5~15片小叶，有时茎上部为三出叶。小叶片长卵形、卵形至宽卵状披针形或披针形，长1~6cm，宽0.7~3.5cm，顶端渐尖或长渐尖，基部圆形、截形至浅心形，有时楔形，边缘疏生粗锯齿或牙齿，有时3裂，两面近无毛或疏生短柔毛。圆锥状聚伞花序腋生或顶生，常比叶短。花梗长1~1.5cm，有短柔毛。花径1.5~2cm。萼片4片，开展，白色，狭倒卵形，长

短尾铁线莲三出复叶中央叶片（徐正浩摄）

短尾铁线莲花（徐正浩摄）

短尾铁线莲上部植株（徐正浩摄）

短尾铁线莲植株（徐正浩摄）

8mm，两面均有短柔毛，内面较疏或近无毛。雄蕊无毛，花药长2~2.5mm。瘦果卵形，长3mm，宽2mm，密生柔毛，宿存花柱长1.5~3cm。

生物学特性：花期7—9月，果期9—10月。

生境特征：生于山地灌丛或疏林中。在三衢山喀斯特地貌中习见，生于山地、岩石阴湿处、路边、石缝等生境，在石缝、山地、岩石阴湿处等生境形成优势种群。

分布：中国西藏东部、青海东部、云南、四川、甘肃、宁夏、陕西、河南、湖南、浙江、江苏、山西、河北、内蒙古以及东北等地有分布。朝鲜、蒙古、日本以及俄罗斯远东地区也有分布。

4. 粗齿铁线莲 *Clematis grandidentata* (Rehder ex E. H. Wilson) W. T. Wang

拉丁文异名：*Clematis argentilucida* (H. Lév. ex Vaniot) W. T. Wang

中文异名：银叶铁线莲、大蓑衣藤、白头公公、小木通、线木通

分类地位：植物界（Plantae）

被子植物门（Angiospermae）

双子叶植物纲（Dicotyledoneae）

毛茛目（Ranunculales）

毛茛科（Ranunculaceae）

铁线莲属（*Clematis* Linn.）

粗齿铁线莲（*Clematis grandidentata*（Rehder ex E. H. Wilson）W. T. Wang）

形态学鉴别特征：落叶藤本。小枝密生白色短柔毛，老时外皮剥落。一回羽状复叶，有5片小叶，有时茎端为三出叶。小叶片卵形或椭圆状卵形，长5~10cm，宽3.5~6.5cm，顶端渐尖，基部圆形、宽楔形或微心形，常有不明显3裂，边缘有粗大锯齿状牙齿，叶面疏生短柔毛，叶背密生白色短柔毛至较疏，或近无毛。腋生聚伞花序常有3~7朵花，较叶短。花径2~3.5cm。萼片4片，开展，白色，近长圆形，长1~1.8cm，宽5mm，顶端钝，两面有短柔毛，

粗齿铁线莲二回羽状复叶（徐正浩摄）

内面较疏至近无毛。雄蕊无毛。瘦果扁卵圆形，长4mm，有柔毛，宿存花柱长达3cm。

生物学特性：花期5—7月，果期7—10月。

生境特征：生于山坡或山沟灌丛中。在三衢山喀斯特地貌中习见，生于林下、疏灌木丛、山地、岩石阴湿处、路边、石缝等生境，在疏灌木丛、石缝、山地、岩石阴湿处等生境形成优

粗齿铁线莲小叶（徐正浩摄）

粗齿铁线莲石缝生境植株（徐正浩摄）

势种群。

分布：中国云南、贵州、四川、甘肃南部和东部、陕西南部、河南、湖北、湖南、安徽南部、浙江、河北、山西等地有分布。

5. 华中铁线莲 *Clematis pseudootophpra* M. Y. Fang

分类地位：植物界（Plantae）

被子植物门（Angiospermae）

双子叶植物纲（Dicotyledoneae）

毛茛目（Ranunculales）

毛茛科（Ranunculaceae）

铁线莲属（*Clematis* Linn.）

华中铁线莲（*Clematis pseudootophpra* M. Y. Fang）

形态学鉴别特征：攀缘草质藤本。茎圆柱形，淡黄色，有6条浅的纵沟纹，枝、叶光滑无毛。三出复叶。小叶片纸质，长椭圆状披针形或卵状披针形，长7~11cm，宽2~5cm，顶端渐尖，基部圆形或宽楔形，有时偏斜，上部边缘有不整齐的浅锯齿，下部常全缘，叶面绿色，叶背灰白色，基出主脉3条，稀5条，在叶面不显，在叶背隆起。小叶柄短，常扭曲，叶柄长4~7cm。聚伞花序腋生，常具1~3朵花，无毛，花序梗长2~7cm，顶端生1对叶状苞片。苞片长椭圆状披针形，长5~9cm，宽1~2.5cm，边缘常全缘，稀有时分裂，具长1cm的细弱短柄。花梗长1~4cm。花钟状，下垂，径2~3.5cm，萼片4枚，淡黄色，卵圆形或卵状椭圆形，长2.5~3cm，宽1~1.2cm，顶端急尖，外面无毛，内面微被紧

华中铁线莲叶（徐正浩摄）

华中铁线莲茎（徐正浩摄）　　　　　　　　华中铁线莲植株（徐正浩摄）

贴的短柔毛，边缘密被淡黄色茸毛。雄蕊比萼片短，长1.5~2cm，花丝线形，基部无毛，上部的背面及两侧被稀疏开展的柔毛，花药及药隔密被短柔毛，药隔在顶端有尖头状突起。心皮被短柔毛，花柱细瘦，被绢状毛。瘦果棕色，纺锤形或倒卵形，长5mm，宽2mm，被短柔毛，宿存花柱长4~5cm，丝状，被黄色长柔毛。

　　生物学特性：花期8—9月，果期9—10月。

　　生境特征：生于阳坡的沟边、林下及灌丛中。在三衢山喀斯特地貌中习见，生于林下、山地、岩石阴湿处、路边、石缝等生境。

　　分布：中国贵州北部、湖南中部、湖北西南部、江西西部、浙江西部等地有分布。

6. 女萎 *Clematis apiifolia* DC.

　　中文异名：百根草、花木通、风藤、白棉纱、一把抓

　　分类地位：植物界（Plantae）

　　　　　　　　被子植物门（Angiospermae）

　　　　　　　　双子叶植物纲（Dicotyledoneae）

　　　　　　　　毛茛目（Ranunculales）

　　　　　　　　毛茛科（Ranunculaceae）

铁线莲属（*Clematis* Linn.）

女萎（*Clematis apiifolia* DC.）

形态学鉴别特征：藤本。小枝和花序梗、花梗密生贴伏短柔毛。三出复叶，连叶柄长5~17cm，叶柄长3~7cm。小叶片卵形或宽卵形，长2.5~8cm，宽1.5~7cm，常有不明显3浅裂，边缘有锯齿，叶面疏生贴伏短柔毛或无毛，叶背通常疏生短柔毛或仅沿叶脉较密。圆锥状聚伞花序具多朵花。花径1.5cm。萼片4片，开展，白色，狭倒卵形，长8mm，两面有短柔毛，外面较密。雄蕊无毛，花丝比花药长5倍。瘦果纺锤形或狭卵形，长3~5mm，顶端渐尖，不扁，有柔毛，宿存花柱长1.5cm。

生物学特性：花期7—9月，果期9—10月。

生境特征：生于山野林边。在三衢山喀斯特地貌中生于路边、石缝、草地、山地、山坡等生境。

分布：中国江西、福建、浙江、江苏南部、安徽大别山以南等地有分布。朝鲜、日本也有分布。

女萎茎叶（徐正浩摄）

女萎三出复叶（徐正浩摄）

女萎山地生境植株（徐正浩摄）

第20章

菫菜科 Violaceae

克朗奎斯特被子植物分类系统将菫菜科（Violaceae）归入菫菜目（Violales）。APG植物分类系统中，菫菜科隶属金虎尾目（Malpighiales），多识：29属，1000~1100种。菫菜科植物多数为灌木、小乔木，一些为草本。单叶互生或对生，常具叶状托叶或托叶退化变小。一些种为掌状或深裂叶。许多种无茎。花序为多朵单花或呈圆锥花序，而一些种为闭花受精花。花两性或单性（如密花菫属Melicytus J. R. Forster ex G. Forster），辐射对称或两侧对称。萼片5片，宿存。花冠为不等花瓣，前方花瓣较大，常具距。雄蕊5枚，离轴雄蕊基部常具距。雌蕊群为1枚复合雌蕊，心皮片3片，离生，具1室。花柱单一，子房上位，胚珠多颗。果实为蒴果，3条缝开裂。种子含胚乳。

1. 七星莲 *Viola diffusa* Gingins

拉丁文异名：*Viola diffusa* Ging. ex DC. var. *brevibarbata* C. J. Wang

中文异名：短须毛七星莲、须毛蔓茎菫菜、须毛菫菜

英文名：pubescence vines violet, spreading violet

分类地位：植物界（Plantae）

被子植物门（Angiospermae）

双子叶植物纲（Dicotyledoneae）

金虎尾目（Malpighiales）

菫菜科（Violaceae）

菫菜属（*Viola* Linn.）

七星莲（*Viola diffusa* Gingins）

形态学鉴别特征：多年生匍匐草本。全体密被白色长柔毛，稀几无毛或无毛。根状茎短，具黄白色主根。茎匍匐，多数，由基部叶丛抽出。节上生根，形成新植株。叶基部簇生，宽卵形或卵状椭圆形，长2~5cm，宽1~3.5cm，先端钝或急尖，基部截形或楔形，稀浅心形，下延至柄呈窄翅状，边缘具浅钝锯齿。叶柄长1~5cm，扁平，两侧具狭翅，被白柔毛。托叶离生，线状披针形，边缘有睫毛，中部以下与柄合生。花小，两侧对称。花梗与叶等长或短于叶。苞片2片，位于花梗中部或中上部。花萼5片，披针形，长0.5~1mm，边缘和中脉上具睫毛，有短距。花瓣5片，白色或具紫色脉纹，侧瓣内侧有短须毛，下瓣长为上瓣、侧瓣的1/2~1/3，连距

七星莲匍匐茎（徐正浩摄）

七星莲花期植株（徐正浩摄）

长8~11mm。距囊状，长1.5mm。子房无毛，柱头上端微凹，两侧有薄边，具不明显短喙。蒴果长椭圆形，长5~7mm，无毛，3瓣开裂。种子细小，径1~2mm，棕褐色。

生物学特性：花期3—5月，果期5—9月。

生境特性：生于潮湿的环境中，亦能耐旱，为田埂及旱地杂草。在三衢山喀斯特地貌中习见，生于林下、疏灌木丛、山地、草坡、石缝、岩石阴湿处、路边等生境，在山地、岩石阴湿处等生境常形成优势种群。

分布：中国长江以南地区有分布。

七星莲花期山地生境植株（徐正浩摄）

2. 堇菜 *Viola arcuata* Blume

拉丁文异名：*Viola verecunda* A. Gray

中文异名：堇堇菜、葡堇菜、阿勒泰堇菜、小叶堇菜

英文名：common violet, hidden violet

分类地位：植物界（Plantae）

被子植物门（Angiospermae）

双子叶植物纲（Dicotyledoneae）

金虎尾目（Malpighiales）

堇菜科（Violaceae）

堇菜属（*Viola* Linn.）

堇菜（*Viola arcuata* Blume）

形态学鉴别特征：多年生草本。根状茎短，分枝多。茎直立或稍披散。株高15~30cm。基

董菜叶（徐正浩摄）

董菜花（徐正浩摄）

生叶具长柄，较小，宽心形或近新月形，边缘有浅波状圆齿，花时常凋落，托叶基部与叶柄合生。茎生叶具短柄，较大，心形或三角状心形，长2.5~6cm，宽2~5cm，先端急尖，基部心形或箭状心形，边缘具浅钝锯齿，两面有紫褐色小点，托叶离生。花腋生，花梗长于叶。苞片位于花梗的中上部。萼片披针形，基部附属器半圆形。花瓣白色，具紫色条纹，侧瓣内侧无须毛，下瓣连距长10mm，距粗短，囊状，长1.5~2mm。子房无毛，柱头顶端微凹，两侧具

董菜成株（徐正浩摄）

薄边，前方具短喙。蒴果长圆形，无毛，长1cm，分裂为3个果瓣，各瓣具棱沟。种子卵圆形，长0.5mm，棕黄色，光滑。

　　生物学特性：花期4—5月，果期5—8月。

　　生境特性：生于湿地、草坡、田野、路旁、宅旁。在三衢山喀斯特地貌中习见，生于石缝、山地、岩石阴湿处、疏灌木丛、林下、草坡、路边等生境，在山地、岩石阴湿处等常形成优势种群。

　　分布：中国东北、华北以及长江流域以南等地有分布。蒙古、日本、朝鲜及俄罗斯等国也有分布。

🌿 3. 庐山董菜 *Viola stewardiana* W. Beck.

中文异名：拟蔓地草

分类地位：植物界（Plantae）

　　　　　　被子植物门（Angiospermae）

　　　　　　双子叶植物纲（Dicotyledoneae）

金虎尾目（Malpighiales）

堇菜科（Violaceae）

堇菜属（*Viola* Linn.）

庐山堇菜（*Viola stewardiana* W. Beck.）

形态学鉴别特征：多年生草本。主根长。根状茎粗壮，密生结节。茎地下部分横卧，木质化，甚坚硬，常常发出新植株。地上茎斜生，高10~25cm，通常数条丛生，具纵棱，无毛。基生叶莲座状，叶片三角状卵形，长1.5~3cm，宽1.5~2.5cm，先端具短尖，基部宽楔形或截形，下延于叶柄，边缘具圆齿，齿端有腺体，两面有细小的褐色腺点，叶背叶脉明显凸起，具长达5.5cm的叶柄。茎生叶长卵形、菱形或三角状卵形，长达4.5cm，宽2~3cm，先端具短尖或渐尖，基部楔形，叶柄下部者与叶片近等长，上部者短于叶片，具狭翅。托叶褐色，披针形或线状披针形，基部者长1~1.2cm，上部者长仅0.5cm，先端长渐尖，边缘有长流苏。花淡紫色，生于茎上部叶的叶腋，具长梗。花梗与叶等长，或稍超出叶，中部稍上处有2片线形苞片。萼片狭卵形或长圆状披针形，长3~3.5mm，先端具短尖，基部附属物短，末端圆，全缘，无毛。花瓣先端具明显微缺，上方花瓣匙形，长8mm，侧瓣长圆形，里面基部无须毛，下方花瓣倒长卵形，连距长1.4cm。距长6mm，向下弯，末端钝。下方2枚雄蕊无距，子房卵球形，无毛，花柱基部稍向前膝曲，向上方逐渐增粗，顶部无附属物，具钩状短喙，顶端具较大的柱头孔。蒴果近球形，散生褐色腺体，长6mm，先端具短尖。

生物学特性：花期4—7月，果期5—9月。

生境特征：生于草坡、路边、杂木林下、山沟溪边或石缝中。在三衢山喀斯特地貌中生于山地、岩石阴湿处、石缝、路边等生境。

分布：中国华东、华中、华南、西南以及陕西、甘肃等地有分布。

庐山堇菜叶（徐正浩摄）

庐山堇菜岩石生境植株（徐正浩摄）

第21章

紫草科 Boraginaceae

克朗奎斯特被子植物分类系统中，紫草科（Boraginaceae）归入唇形目（Lamiales）。APG IV分类系统将其单列出，归入紫草目（Boraginales），具146属，含2000种。世界广布。紫草科植物为草本，有时为灌木或乔木。叶互生，或兼有互生和对生，常具毛。叶片常较狭，许多为线形或披针形，全缘或具锯齿。一些种具叶柄。常不具托叶。花两性，但一些为雌雄异株。花序为聚伞花序或镰状聚伞花序，有时花单生。萼片、花瓣常5片。花冠绿色、白色、黄色、橘黄色，粉红色、紫色或蓝色。雄蕊5枚。花柱1个。柱头1~2个。果实为坚果，有时为浆果。

1. 盾果草 *Thyrocarpus sampsonii* Hance

分类地位：植物界（Plantae）

被子植物门（Angiospermae）

双子叶植物纲（Dicotyledoneae）

紫草目（Boraginales）

紫草科（Boraginaceae）

紫草属（*Thyrocarpus* Hance）

盾果草（*Thyrocarpus sampsonii* Hance）

形态学鉴别特征：茎1条至数条，直立或斜生，高20~45cm，常自下部分枝，有开展的长硬毛和短糙毛。基生叶丛生，有短柄，匙形，长3.5~19cm，宽1~5cm，全缘或有疏细锯齿，两面都有具基盘的长硬毛和短糙毛；茎生叶较小，无柄，狭长圆形或倒披针形。花序长7~20cm。苞片狭卵形至披针形，花生于苞腋或腋外。花梗长1.5~3mm。花萼长3mm，裂片狭椭圆形，背面和边缘有开展的长硬毛，腹面稍有短伏毛。花冠淡蓝色或白色，显著比萼长，筒部比檐部短，檐部径5~6mm，裂片近圆形，开展，喉部附属物线形，长0.7mm，肥厚，有乳头状突起，先端微缺。雄蕊5枚，着生于花冠筒中部，花丝长0.3mm，花药卵状长圆形，长0.5mm。小坚果

盾果草茎叶（徐正浩摄）

盾果草花（徐正浩摄）　　　　　　盾果草花期植株（徐正浩摄）

4个，长2mm，黑褐色，碗状突起的外层边缘色较淡，齿长为碗高的一半，伸直，先端不膨大，内层碗状突起不向里收缩。

生物学特性：花果期5—7月。

生境特性：生于山坡草丛或灌丛下。在三衢山喀斯特地貌中生于草地、路边、岩石山地、山坡、灌木丛等生境。

分布：中国华东、华中、华南、西南等地有分布。越南也有分布。

 **2. 梓木草** *Lithospermum zollingeri* DC.

英文名：zollinger gromwell

分类地位：植物界（Plantae）

被子植物门（Angiospermae）

双子叶植物纲（Dicotyledoneae）

紫草目（Boraginales）

紫草科（Boraginaceae）

紫草属（*Lithospermum* Linn.）

梓木草（*Lithospermum zollingeri* DC.）

形态学鉴别特征：多年生匍匐草本。匍匐茎长15~30cm，有伸展的糙毛。株高10~30cm。基生叶倒披针形或匙形，长2.5~9cm，宽0.7~2cm，先端急尖，基部渐狭窄成短柄，全缘，两面均有短硬毛，手触之有粗糙感。茎生叶与基生叶相似，但较小，近无柄。花茎高5~20cm。花序长5cm。苞片披针形，长1.2~2cm，有白色短硬毛。萼长4~6mm，5裂至近基部，裂片披针状线形。花冠蓝色，花冠筒长0.8~1.1cm，内面上部有5条具短毛的纵褶，外面被白色短硬毛，檐部径1cm，5裂，裂片卵圆形或扁圆形，长4~6mm。雄蕊5枚，生于花冠筒中部之下，内藏，花药顶端有短尖。子房4深裂，柱头2浅裂。小坚果4个，椭圆形，长2.5~3mm，白色，光滑。

生物学特性：花期4—6月，果期7—月。

梓木草茎（徐正浩摄）

梓木草叶（徐正浩摄）

生境特性：生于山坡路边、岩石上及林下草丛中。在三衢山喀斯特地貌中生于草地、山坡、灌木丛等生境。

分布：中国华东、华中、西南以及陕西、甘肃等地有分布。日本、朝鲜也有分布。

梓木草花（徐正浩摄）

第22章

莎草科 Cyperaceae

莎草科（Cyperaceae）隶属禾本目（Poales），具90余属，含5500余种，其中薹草属（*Carex* Linn.）有2000余种，为莎草科中种类最多的属。亚洲和南美洲热带地区分布较广。

莎草科与禾本科的区别为：茎常呈三棱状（个别除外），叶3列，螺旋状排列，而禾本科叶2列，互生。

莎草科植物为多年生或一年生草本。具根状茎，有的还具块茎。常具三棱形秆。叶基生和秆生，一般具闭合的叶鞘和狭长的叶片，有时仅有鞘而无叶片。花序为穗状花序、总状花序、圆锥花序、头状花序或长侧枝聚伞花序。小穗单生、簇生或排列成穗状或头状，具2朵至多朵花，或退化成1朵花。花两性或单性，雌雄同株，稀雌雄异株，着生于鳞片（颖片）腋间，鳞片复瓦状螺旋排列成2列，无花被或花被退化成下位鳞片或下位刚毛，有时雌花为先出叶所形成的果囊所包裹。雄蕊3枚，稀1~2枚，花丝线形，花药底着。子房1室，具1颗胚珠，花柱单一。柱头2~3个。果实为小坚果，三棱形，双凸状、平凸状或球形。

1. 二形鳞薹草 *Carex dimorpholepis* Steud.

中文异名：垂穗薹草

英文名：dimorphous-spike sedge

分类地位：植物界（Plantae）

被子植物门（Angiospermae）

单子叶植物纲（Monocotyledoneae）

禾本目（Poales）

莎草科（Cyperaceae）

薹草属（*Carex* Linn.）

二形鳞薹草（*Carex dimorpholepis* Steud.）

形态学鉴别特征：多年生草本。株高30~60cm。根状茎木质，较粗，通常具匍匐茎。秆丛生，纤细，三棱形，上部粗糙，基部叶鞘褐色或暗褐色，或多或少分裂成纤维状。叶短于茎，宽1.5~2.5mm，线形，稍坚挺，平张或对折。苞片具长鞘，鞘长3~5cm，下部的叶状，短于小穗，上部的刚毛状。小穗3~5个，上部小穗接近，下部小穗稍远离。顶生小穗雄性，棒状，长2~3cm。侧生小穗雌性，狭圆柱形，长2.5~4.5cm，宽5mm，疏花。小穗柄丝状。雌花鳞片长

二形鳞薹草叶（徐正浩摄）

二形鳞薹草生境植株（徐正浩摄）

圆形，顶端截形或微凹，薄革质，深栗褐色，上部边缘色淡，背面具1条绿色的脉，延伸成1条粗糙的芒，芒长0.5~1mm。果囊稍长于鳞片，卵状三棱形，两端渐狭，长4.5~5mm，基部具柄，柄长1mm，膜质，脉不明显，除近基部外，密被糙硬毛，喙较长，喙口斜截形，具2齿。花柱基部增粗。小坚果紧包裹于囊中，卵状椭圆形，扁三棱形，连短柄长2~2.5mm。

生物学特性：花果期5—7月。

生境特征：生于路边、沟边潮湿处或草地。在三衢山喀斯特地貌中见于草地。

分布：中国华东、华中、东北及西北等地有分布。东南亚也有分布。

2. 穹隆薹草 *Carex gibba* Wahlenb.

分类地位：植物界（Plantae）

被子植物门（Angiospermae）

单子叶植物纲（Monocotyledoneae）

禾本目（Poales）

莎草科（Cyperaceae）

薹草属（*Carex* Linn.）

穹隆薹草（*Carex gibba* Wahlenb.）

形态学鉴别特征：多年生草本。根状茎短，木质。秆丛生，径1.5mm，直立，三棱形，基部老叶鞘褐色、纤维状。株高20~60cm。叶长于或等长于秆，宽3~4mm，柔软。苞片叶状，长于花序。小穗卵形或长圆形，长0.5~1.2mm，宽3~5mm，雌雄顺序，花密生。穗状花序上部小穗较接近，下部小穗疏离，基部1个小穗有分枝，长3~8mm。雌花鳞片圆卵形或倒卵状圆形，长1.8~2mm，两侧白色膜质，中间绿色，具3条脉，先端芒长0.7~1mm。果囊宽卵形或倒卵形，平凸状，长3.2~3.5mm，宽2mm，膜质，淡绿色，平滑，无脉，边缘具翅，上部边缘具不规则细齿，喙短且扁，喙口具2个齿。小坚果紧包裹于囊中，近圆形，平凸状，长2.2mm，宽1.5mm，淡绿色。花柱基部增粗，圆锥状，柱头3个。

穹窿薹草叶（徐正浩摄）

穹窿薹草花序（徐正浩摄）

生物学特性：花果期4—5月。

生境特征：生于山坡路旁、田边、草丛、湿地等。在三衢山喀斯特地貌中生于岩石山地、草地、山坡、林下、灌木丛等生境。

分布：中国华东、华中、东北、西南等地有分布。

穹窿薹草生境植株（徐正浩摄）

3. 青绿薹草 *Carex breviculmis* R. Br.

中文异名：青菅

分类地位：植物界（Plantae）

　　　　被子植物门（Angiospermae）

　　　　　单子叶植物纲（Monocotyledoneae）

　　　　　禾本目（Poales）

　　　　　莎草科（Cyperaceae）

　　　　　薹草属（*Carex* Linn.）

　　　　　青绿薹草（*Carex breviculmis* R. Br.）

形态学鉴别特征：根状茎短。秆丛生，高8~40cm，纤细，三棱形，上部稍粗糙，基部叶鞘淡褐色，撕裂成纤维状。叶短于秆，宽2~5mm，平张，边缘粗糙，质硬。苞片最下部的叶状，长于花序，具短鞘，鞘长1.5~2mm，其余的刚毛状，近无鞘。小穗2~5个，上部的接近，下部的远离。顶生小穗雄性，长圆形，长1~1.5cm，宽2~3mm，近无柄，紧靠其下面的雌小穗。侧生小穗雌性，长圆形或长圆状卵形，少有圆柱形，长0.6~2cm，宽3~4mm，具稍密生的花，无柄或最下部的具长2~3mm的短柄。雄花鳞片倒卵状长圆形，顶端渐尖，具短尖，膜质，黄白色，背面中间绿色。雌花鳞片长圆形或倒卵状长圆形，先端截形或圆形，长2~2.5mm（不包括芒），宽1.2~2mm，膜质，苍白色，背面中间绿色，具3条脉，向顶端延伸成长芒，芒长2~3.5mm。果

青绿薹草花（徐正浩摄）

青绿薹草花序（徐正浩摄）

囊近等长于鳞片，倒卵形，钝三棱形，长2~2.5mm，宽1.2~2mm，膜质，淡绿色，具多条脉，上部密被短柔毛，基部渐狭，具短柄，顶端急缩成圆锥状的短喙，喙口微凹。小坚果紧包于果囊中，卵形，长1.8mm，栗色，顶端缢缩成环盘。花柱基部膨大成圆锥状，柱头3个。

生物学特性：花果期3—6月。

生境特征：生于山坡草地、路边、山谷沟

青绿薹草花期植株（徐正浩摄）

边。在三衢山喀斯特地貌中习见，生于岩石山地、草地、山坡、林下、疏灌木丛等生境，在岩石山地、山坡常形成优势种群。

分布：几遍中国。俄罗斯、朝鲜、日本、印度、缅甸等国也有分布。

🌿 4. 书带薹草 *Carex rochebruni* Franch. et Savat.

分类地位：植物界（Plantae）

　　　　被子植物门（Angiospermae）

　　　　单子叶植物纲（Monocotyledoneae）

　　　　禾本目（Poales）

　　　　莎草科（Cyperaceae）

　　　　薹草属（*Carex* Linn.）

　　　　书带薹草（*Carex rochebruni* Franch. et Savat.）

形态学鉴别特征：根状茎短，粗壮，木质。秆丛生，高25~50cm，纤细，三棱形，平滑，中部以下具叶，基部具无叶片的叶鞘，褐色或淡褐色，稍细裂成纤维状。叶短于或长于秆，宽2~3mm，平张，质软，叶鞘腹面膜质部分通常具皱纹。苞片下部的叶状，长于花序，上部的

书带薹草三棱形秆（徐正浩摄）

书带薹草山地生境植株（徐正浩摄）

刚毛状至鳞片状。小穗5~10个，长圆形，长5~15mm，宽3~4mm，雌雄顺序，基部小穗远离，上部小穗接近。雌花鳞片长圆形，顶端锐尖，具粗糙短芒，长2.5~3mm，苍白色，中部绿色，具3条脉。果囊长于鳞片，披针形或卵状披针形，平凸状，长3~4mm，绿色或绿黄色，背面具多条脉，腹面具少数脉，近无海绵状组织，边缘中部以上具狭翅，翅稍粗糙，基部收缩成楔形或三角形，具短柄，先端渐狭成长喙，喙口2齿裂。小坚果紧包于果囊中，长1.5~2mm，顶端近圆形，具小尖头，基部收缩为短柄。花柱基部膨大，柱头2个。

生物学特性：花果期5—6月。

生境特征：生于林下或湿润草地。在三衢山喀斯特地貌中习见，生于林下、疏灌木丛、草地、岩石山地、山坡等生境，在岩石山地、疏灌木丛等生境常形成优势种群。

分布：中国江苏、安徽、浙江、河南等地有分布。日本也有分布。

第23章

蔷薇科 Rosaceae

蔷薇科（Rosaceae）隶属蔷薇目（Rosales），具91属，含4828种。世界广布，以北温带种类最多。灌木、乔木或草本，草本多为多年生，但一些为一年生。叶螺旋状着生，但一些种对生；单叶，或偶数或奇数羽状复叶；叶缘多具锯齿。常具成对托叶；托叶有时贴生于叶柄。小叶中肋和复叶轴有刺。花两性，辐射对称，5基数。雄蕊螺旋状着生。萼片、花瓣和雄蕊基部合生一起，形成杯状隐头花序。花序总状、穗状、头状，稀为单花。果实为蓇葖果、蒴果、瘦果、核果或附果。种子含苦杏苷，若种子破损，消化时会产生氰化物。

1. 龙芽草 *Agrimonia pilosa* Ldb.

中文异名：瓜香草、老鹤嘴、毛脚茵、施州龙芽草、石打穿、金顶龙芽、仙鹤草、地仙草
英文名：hairy agrimony
分类地位：植物界（Plantae）
    被子植物门（Angiospermae）
    双子叶植物纲（Dicotyledoneae）
    蔷薇目（Rosales）
    蔷薇科（Rosaceae）
    龙芽草属（*Agrimonia* Linn.）
    龙芽草（*Agrimonia pilosa* Ldb.）

形态学鉴别特征：多年生草本。根多呈块茎状，周围长出若干侧根，根茎短，基部常有1个至数个地下芽。茎高30~120cm，被疏柔毛及短柔毛，稀下部被稀疏长硬毛。叶为间断奇数羽状复叶，通常有小叶3~4对，稀2对，向上减少至3片小叶，叶柄被稀疏柔毛或短柔毛。小叶片无柄或有短柄，倒卵形、倒卵椭圆形或倒卵披针形，长1.5~5cm，宽1~2.5cm，顶端急尖至圆钝，稀渐尖，基部楔形至宽楔形，边缘有急尖到圆钝锯齿，叶面被疏柔毛，稀脱落几无毛，叶背通常脉上伏生疏柔毛，稀脱落几无毛，有显著腺点。托叶草质，绿色，镰形，稀卵形，顶端急尖或渐尖，边缘有尖锐锯齿或裂片，稀全缘，茎下部托叶有时卵状披针形，常全缘。花序穗状总状顶生，分枝或不分枝，花序轴被柔毛，花梗长1~5mm，被柔毛。苞片通常3深裂，裂片带形，小苞片对生，卵形，全缘或边缘分裂。花径6~9mm。萼片5片，三角卵形。花瓣黄色，长圆形。雄蕊5~15枚。花柱2个，丝状，柱头头状。果实倒卵圆锥形，外面有10条肋，被疏柔

龙芽草叶（徐正浩摄）

龙芽草花序（徐正浩摄）

龙芽草果序（徐正浩摄）

龙芽草花期灌草丛生境植株（徐正浩摄）

毛，顶端有数层钩刺，幼时直立，成熟时靠合，连钩刺长7~8mm，最宽处径3~4mm。

生物学特性：花果期5—12月。

生境特征：常生于溪边、路旁、草地、灌丛、林缘及疏林下。在三衢山喀斯特地貌中有分布，生于草丛、路边、岩石山地、石缝等生境。

分布：中国南北各地有分布。欧洲以及蒙古、朝鲜、日本等也有分布。

2. 翻白草　*Potentilla discolor* Bge.

中文异名：鸡腿根、天藕、翻白萎陵菜、叶下白、鸡爪参

分类地位：植物界（Plantae）

被子植物门（Angiospermae）

双子叶植物纲（Dicotyledoneae）

蔷薇目（Rosales）

蔷薇科（Rosaceae）

委陵菜属（*Potentilla* Linn.）

翻白草（*Potentilla discolor* Bge.）

形态学鉴别特征：多年生草本。根粗壮，下部常肥厚呈纺锤形。花茎直立，上升或微铺散，高10~45cm，密被白色棉毛。基生叶有小叶2~4对，间隔0.8~1.5cm，连叶柄长4~20cm，叶柄密被白色棉毛，有时并有长柔毛。小叶对生或互生，无柄，小叶片长圆形或长圆披针形，长1~5cm，宽0.5~0.8cm，顶端圆钝，稀急尖，基部楔形、宽楔形或偏斜圆形，边缘具圆钝锯齿，稀急尖，叶面暗绿色，被稀疏白色棉毛或脱落几无毛，叶背密被白色或灰白色棉毛，脉不显或微显，

翻白草花期岩石生境植株（徐正浩摄）

茎生叶1~2片，有3~5片掌状小叶。基生叶托叶膜质，褐色，外面被白色长柔毛。茎生叶托叶草质，绿色，卵形或宽卵形，边缘常有缺刻状牙齿，稀全缘，下面密被白色棉毛。聚伞花序有花数朵至多朵，疏散，花梗长1~2.5cm，外被棉毛。花径1~2cm。萼片三角状卵形，副萼片披针形，比萼片短。外面被白色棉毛。花瓣黄色，倒卵形，顶端微凹或圆钝，比萼片长。花柱近顶生，柱头稍微扩大。瘦果近肾形，宽1mm，光滑。

生物学特性：花果期5—9月。

生境特征：生于荒地、山谷、沟边、山坡草地、草甸及疏林下。在三衢山喀斯特地貌中生于路边、草丛、岩石山地、石缝、灌木丛等生境。

分布：几遍中国。日本、朝鲜也有分布。

第24章

罂粟科 Papaveraceae

罂粟科（Papaveraceae）隶属毛茛目（Ranunculales），具42~48属，含775~800种。分布于温带和亚热带地区。一年生、二年生或多年生植物。常为草本，稀为灌木或乔木。常有乳汁或有色液汁。单叶互生或有时轮生，具叶柄；常具裂或羽状；托叶缺。雌雄同体。花常单生，多数属有花萼和花瓣，但一些种呈顶生聚伞花序或总状花序。雄蕊常16~60枚，呈2轮，外轮与花瓣互生，内轮与花瓣对生。雌蕊群为复合雌蕊；心皮2~100个。子房上位，单室。子房无柄或具短柄。常为蒴果，孔裂或瓣裂散发种子。种子小，胚乳油质和粉末状。宽丝罂粟属（*Platystemon* Benth.）果实为分果。

1. 刻叶紫堇 *Corydalis incisa* (Thunb.) Pers.

中文异名：紫花鱼灯草

分类地位：植物界（Plantae）

被子植物门（Angiospermae）

双子叶植物纲（Dicotyledoneae）

毛茛目（Ranunculales）

罂粟科（Papaveraceae）

紫堇属（*Corydalis* Vent.）

刻叶紫堇（*Corydalis incisa*（Thunb.）Pers.）

形态学鉴别特征：一年生或多年生草本。株高15~30cm。根茎狭椭圆体或倒圆锥形，长1~1.5cm，径5mm，周围密生须根。茎多数簇生，具分枝。叶基生与茎生，具长柄。基生叶叶柄基部稍膨大成鞘状，羽状全裂，一回裂片2~3对，具细柄，二回或三回裂片倒卵状楔形，不规则羽状分裂，小裂片先端具2~5个细缺刻。总状花序长3~12cm，具花9~26朵。苞片卵状菱形或楔形，一回或二回羽状深裂，末回裂片狭披针形或钻形，花梗长5~12cm。萼片2片，极小，边缘撕裂。花瓣蓝紫色，上花瓣连距

刻叶紫堇叶（徐正浩摄）

刻叶紫堇花（徐正浩摄）　　　　　　　刻叶紫堇花期岩石生境植株（徐正浩摄）

长1.5~2cm，边缘具小波状齿，先端微凹，具小短尖，与下花瓣背部均具明显的鸡冠突起，距圆筒形，长8~10mm，略长于瓣片，蜜腺体长2mm，下花瓣瓣片平展，瓣柄与瓣片近等宽，基部具囊状突起，内花瓣狭小，先端内面暗紫色，瓣柄与上花瓣边缘合。子房线形，柱头2裂，边缘具小瘤状突起。蒴果线形，长1.5~2cm，宽2mm，成熟后下垂，弹裂。种子黑色，多数，扁圆球形，长2mm，宽1.8mm。

　　生物学特性：花期3—4月，果期4—5月。

　　生境特性：生于山坡林下、沟边草丛中或石缝、墙角边。在三衢山喀斯特地貌中有分布，生于山地、石缝、岩石阴湿处、灌木丛等生境。

　　分布：中国华东、华中以及陕西等地有分布。日本也有分布。

🌿 2. 伏生紫堇 *Corydalis decumbens* (Thunb.) Pers.

中文异名：夏无天、落水珠

分类地位：植物界（Plantae）

　　　　　　　被子植物门（Angiospermae）

　　　　　　　双子叶植物纲（Dicotyledoneae）

　　　　　　　毛茛目（Ranunculales）

　　　　　　　罂粟科（Papaveraceae）

　　　　　　　紫堇属（*Corydalis* DC.）

　　　　　　　伏生紫堇（*Corydalis decumbens*（Thunb.）Pers.）

　　形态学鉴别特征：二年生草本。株高15~40cm。块茎状根近球形或稍长，具匍匐茎，无鳞叶。茎多数，不分枝，具2~3片叶。叶二回三出。小叶倒卵圆形，全缘或深裂，裂片卵圆形或披针形。总状花序具3~10朵花。苞片卵圆形，全缘，长5~8mm。花梗长10~20mm。花近白至淡粉红或淡蓝色，外花瓣先端凹缺，具窄鸡冠状突起。上花瓣长14~17mm，瓣片稍上弯。距稍短于瓣片，渐窄，平直或稍上弯。蜜腺距长1/3~1/2，下花瓣宽匙形，无基生小囊。内花瓣

伏生紫堇茎叶（徐正浩摄）

伏生紫堇花（徐正浩摄）

鸡冠状突起伸出顶端。蒴果线形，稍扭曲，长13~18mm，种子6~14粒。种子具龙骨状突起及泡状小突起。

生物学特性：花期3—4月，果期5月。

生境特性：生于低山坡林缘、山谷阴湿处草丛、山脚沟溪边、湿地等。在三衢山喀斯特地貌中生于岩石阴湿处、草坡、山地、草地、灌木丛等生境。

分布：中国华东、华中等地有分布。日本也有分布。

伏生紫堇生境植株（徐正浩摄）

3. 紫堇 *Corydalis edulis* Maxim.

中文异名：楚葵、蜀堇
分类地位：植物界（Plantae）
　　　　　　被子植物门（Angiospermae）
　　　　　　双子叶植物纲（Dicotyledoneae）
　　　　　　毛茛目（Ranunculales）
　　　　　　罂粟科（Papaveraceae）
　　　　　　紫堇属（*Corydalis* DC.）
　　　　　　紫堇（*Corydalis edulis* Maxim.）

形态学鉴别特征：一年生或二年生草本。具细长的直根。茎稍肉质，呈红紫色，自基部分枝。叶基生与茎生，具柄。叶三角形，长5.5~11cm，二回或三回羽状全裂。一回裂片3~4对，二回或三回裂片倒卵形，不等地羽状分裂，末回裂片狭倒卵形，先端钝。总状花序长4~9.5cm，具花6~10朵。苞片卵形或狭卵形，长5mm，全缘，先端急尖或骤尖。花梗长2~4mm。萼片2

紫堇叶（徐正浩摄）

紫堇花（徐正浩摄）

片，膜质，微红色，宽卵形，边缘撕裂状。花瓣淡蔷薇色至近白色，上花瓣连距长1.4~1.8cm，瓣片先端扩展，微下凹，无小短尖，背面与下花瓣背面均具有龙骨状隆起，距圆柱形，蜜腺体长3.5mm，下花瓣具瓣柄，柄与瓣片近等长，基部具浅囊状突起，内花瓣狭小，先端内面深红色，瓣柄与瓣片近等长。子房线形，柱头宽扁。蒴果线形，长2.5~3cm，宽2mm。种子黑色，扁球形，长1.2~1.6mm，宽0.8mm，表面密布环状排列的小凹点。

紫堇花期山地生境植株（徐正浩摄）

生物学特性：花期3—4月，果期4—5月。

生境特性：生于荒山坡、宅旁隙地或墙头屋檐上。在三衢山喀斯特地貌中生于山地、岩石阴湿处、草坡、路边等生境。

分布：中国华东、华中、西南以及陕西等地有分布。

🌱 4. 小花黄堇 *Corydalis racemosa* (Thunb.) Pers.

中文异名：山黄堇

分类地位：植物界（Plantae）

被子植物门（Angiospermae）

双子叶植物纲（Dicotyledoneae）

毛茛目（Ranunculales）

罂粟科（Papaveraceae）

紫堇属（*Corydalis* DC.）

小花黄堇（*Corydalis racemosa*（Thunb.）Pers.）

小花黄堇花（徐正浩摄）

小花黄堇果期石缝生境植株（徐正浩摄）

形态学鉴别特征：一年生草本。株高10~40cm。具细长直根。茎具分枝。叶基生与茎生，基生叶具长柄。叶三角形，长3~12cm，二回或三回羽状全裂，一回裂片3~4对，二回裂片卵形或倒卵形，浅裂或深裂，末回裂片狭卵形至宽卵形或线形，先端钝或圆形。总状花序长1.5~7cm，具花9~26朵。苞片卵状菱形或楔形，一回或二回羽状深裂，末回裂片狭披针形或钻形，花梗长3~12cm。苞片狭披针形或钻形，长2~5mm。花梗长1.5~2.5mm。萼片小，狭卵形，先端尖。花瓣淡黄色，上花瓣连距长6~9mm，瓣片先端钝，稍突尖，与下花瓣背部均稍隆起，距囊状，长1~2mm，末端圆形，蜜腺体长1mm，下花瓣具瓣柄，柄略长于花瓣，内花瓣狭小，瓣柄短于花瓣。子房线形，柱头椭圆形，2浅裂，具小瘤状突起。蒴果线形，长2~3.5cm，宽1.5~2mm。种子黑色，扁球形，长1mm，表面密生小圆锥状突起。

生物学特性：花期3—4月，果期4—5月。

生境特征：生于路边、石缝、墙缝、沟边阴湿处及林下等。在三衢山喀斯特地貌中生于岩石阴湿处、石缝、路边等生境，在岩石阴湿处常形成优势种群。

分布：中国华东、华中、华南及陕西等地有分布。日本也有分布。

5. 黄堇 *Corydalis pallida* (Thunb.) Pers.

中文异名：珠果黄堇

分类地位：植物界（Plantae）

被子植物门（Angiospermae）

双子叶植物纲（Dicotyledoneae）

毛茛目（Ranunculales）

罂粟科（Papaveraceae）

紫堇属（*Corydalis* DC.）

黄堇（*Corydalis pallida*（Thunb.）Pers.）

黄堇念珠状蒴果（徐正浩摄）

黄堇花果期岩石阴湿处植株（徐正浩摄）

形态学鉴别特征：灰绿色丛生草本。株高20~60cm。具主根，少数侧根发达，呈须根状。茎1条至多条，发自基生叶腋，具棱，常上部分枝。基生叶多数，莲座状，花期枯萎。茎生叶稍密集，下部的具柄，上部的近无柄，叶面绿色，叶背苍白色，二回羽状全裂，一回羽片4~6对，具短柄至无柄，二回羽片无柄，卵圆形至长圆形，顶生的较大，长1.5~2cm，宽1.2~1.5cm，3深裂，裂片边缘具圆齿状裂片，裂片顶端圆钝，近具短尖，侧生的较小，常具4~5个圆齿。总状花常顶生和腋生，疏具多花和或长或短的花序轴。苞片披针形至长圆形，具短尖，与花梗等长。花梗长4~7mm。花黄色至淡黄色，较粗大，平展。萼片近圆形，中央着生，径1mm，边缘具齿。外花瓣顶端勺状，具短尖，无鸡冠状突起，或有时仅上花瓣具浅鸡冠状突起。上花瓣长1.7~2.3cm；距占花瓣全长的1/3，背部平直，腹部下垂，稍下弯；蜜腺体占距长的2/3，末端钩状弯曲。下花瓣长1.4cm。内花瓣长1.3cm，具鸡冠状突起，爪与瓣片等长。雄蕊束披针形。子房线形。柱头具横向伸出的2条臂，各枝顶端具3个乳突。蒴果线形，念珠状，长2~4cm，宽2mm，斜伸至下垂，具1列种子。种子黑亮，径2mm，表面密具圆锥状突起，中部较低平；种阜帽状，包裹种子的1/2。

生物学特性：花期3—4月，果期4—5月。

生境特征：生于林间空地、火烧迹地、林缘、河岸或多石坡地。在三衢山喀斯特地貌中生于岩石阴湿处、石缝等生境，在岩石阴湿处常形成优势种群。

分布：中国东北、华东、华中以及陕西等地有分布。朝鲜北部、日本及俄罗斯远东地区有分布。

第25章

豆科 Fabaceae

豆科（Fabaceae）隶属豆目（Fabales），具751属，含19000余种。为第三大被子植物科，物种数仅次于兰科（Orchidaceae）和菊科（Asteraceae）。豆荚、托叶等是辨认豆科的重要特性，另外，许多豆科植物具有独特的花和果实特征。

分子发育系统研究表明，豆科为单系群，并与远志科（Polygalaceae）、海人树科（Surianaceae）和皂皮树科（Quillajaceae）关联密切，共属豆目。

乔木、灌木或草本，有时为藤本。具固氮根瘤。花序为不定花序，有时退化为单花。花具短隐头花序和具短雌蕊柄的单心皮，受精后发育为荚果。

叶常绿或落叶，常互生，为复叶。多为奇数或偶数羽状复叶，时常有卷须，稀为掌状复叶；含羞草亚科（Mimosoideae）和云实亚科（Caesalpinioideae）为二回羽状复叶。常具托叶。叶缘全缘或具锯齿。常具皱褶叶枕，使叶片产生感性运动。萼片、花瓣常5片，具杯状隐头花序。雄蕊常10枚，子房上位，具1个完全花柱。

云实亚科中，花两侧对称。上部花瓣位于最里面，不同于豆亚科（Faboideae）。

含羞草亚科中，花辐射对称，为头状花序，花瓣小，雄蕊可大于10枚。

豆亚科中，花两侧对称，具特殊结构。具1片旗瓣，2片侧生翼瓣，远轴的2片常合生，为龙骨瓣，遮盖住雄蕊和雌蕊。雄蕊常10枚，花丝融合，呈各种形态。

荚果两侧开裂。一些种发育为翅果、节荚、菁葵果、不裂荚果、瘦果、核果或浆果。

1. 葛 *Pueraria lobata* (Willd.) Ohwi

中文异名：野葛、葛藤

拉丁文异名：*Pueraria montana* (Lour.) Merr. var. *lobata* (Willd.) Maesen et S. M. Almeida ex Sanjappa et Predeep

英文名：East Asian arrowroot, kudzu vine

分类地位：植物界（Plantae）

　　　　　被子植物门（Angiospermae）

　　　　　双子叶植物纲（Dicotyledoneae）

　　　　　豆目（Fabales）

　　　　　豆科（Fabaceae）

葛属（*Pueraria* DC.）

葛（*Pueraria lobata*（Willd.）Ohwi）

形态学鉴别特征：半木本的豆科藤蔓类植物。全株有黄色长硬毛。块根肥厚，圆柱形，富含淀粉。基部粗壮，木质化，上部多分枝，小枝密被棕褐色粗毛。茎长可达10m以上，常铺于地面或缠于它物而向上生长。三出复叶，柄长5.5~22cm。托叶卵形至披针形，盾状着生。小叶片全缘，优势浅裂，叶面疏被伏贴毛，叶背毛较密，有霜粉。顶生小叶菱状卵形，基部圆形。侧生叶较小，斜卵形。小托叶针状。总状花序腋生，长20cm，有时具分枝，被褐色或银灰色毛。小苞片披针形或卵状披针形，密被硬毛。花萼密被褐色粗毛，萼齿5个，披针形，长于萼筒。花冠紫红色，长15~18cm，旗瓣近圆形，先端微凹，翼瓣卵形，一侧或两侧有耳，龙骨瓣为两侧不对称的长方形。子房密被细毛。荚果扁平，长5~10cm，宽1cm，附着金黄色的硬毛。种子扁卵圆形，长5mm，红褐色，有光泽。千粒重13~18g。

生物学特性：花期9—10月，果期11—12月。

生境特征：生于山地疏或密林中。在三衢山喀斯特地貌中生于山地、草地、灌木丛、岩石山地、林下等生境。

分布：除新疆、青海及西藏外，中国其他地区有分布。东南亚至澳大利亚也有分布。

葛花（徐正浩摄）

葛果期植株（徐正浩摄）

葛生境植株（徐正浩摄）

2. 铁马鞭 *Lespedeza pilosa* (Thunb.) Sieb. et Zucc.

分类地位：植物界（Plantae）

被子植物门（Angiospermae）

双子叶植物纲（Dicotyledoneae）

豆目（Fabales）

豆科（Fabaceae）

胡枝子属（*Lespedeza* Michx.）

铁马鞭（*Lespedeza pilosa*（Thunb.）Sieb. et Zucc.）

形态学鉴别特征：半灌木。全株密被淡黄色或棕黄色长柔毛。根具分枝。茎细长披散或蔓性。顶生小叶宽卵形或倒卵形，长0.8~2.5cm，宽0.5~2cm，先端圆钝、截形或微凹，具短尖，基部圆形或宽楔形，两面密被长柔毛。叶柄长3~15cm。托叶钻形，长3mm。侧生小叶片较小。总状花序腋生，具3~5朵花。总花梗和花梗极短或无，呈簇生状。苞片及小苞片披针形，长5mm。花萼5深裂，萼齿披针形，先端长渐尖，边缘具长缘毛。花冠黄白色或白色，旗瓣基部有紫斑，椭圆形或倒卵形，长7mm，先端微凹，具瓣柄。翼瓣较旗瓣短。龙骨瓣长8mm。荚果宽卵形，长3~4mm，顶端具棱，两面密被长柔毛。种子灰绿色，椭圆形，光滑无毛。

生物学特性：花期7—9月，果期9—11月。

生境特征：生于山坡、路边、田边、草丛、疏林下等。在三衢山喀斯特地貌中生于山地、灌木丛、林下等生境。

分布：中国华东、华中、华南、西南以及陕西、甘肃等地有分布。

铁马鞭成株（徐正浩摄）

铁马鞭花期植株（徐正浩摄）

第26章

远志科 Polygalaceae

克朗奎斯特被子植物分类系统中，远志科（Polygalaceae）归入远志目（Polygalales），APG植物分类系统将其移入豆目（Fabales）。

远志科具21属，含900种，世界广布。常为草本、灌木或乔木。其中，一半以上的种为远志属（*Polygala* Linn.）植物。

1. 瓜子金 *Polygala japonica* Houtt.

中文异名：金锁匙、神砂草、地藤草、远志草、日本远志、产后草、小叶地丁草、小叶瓜子草、高脚瓜子草、黄瓜仁草

分类地位：植物界（Plantae）

　　　　　　被子植物门（Angiospermae）

　　　　　　双子叶植物纲（Dicotyledoneae）

　　　　　　豆目（Fabales）

　　　　　　远志科（Polygalaceae）

　　　　　　远志属（*Polygala* Linn.）

　　　　　　瓜子金（*Polygala japonica* Houtt.）

形态学鉴别特征：多年生草本，高15~20cm。茎、枝直立或外倾，绿褐色或绿色，具纵棱，被卷曲短柔毛。单叶互生，叶片厚纸质或亚革质。叶卵形或卵状披针形，稀狭披针形，长1~3cm，宽3~9mm，先端钝，具短尖头，基部阔楔形至圆形，全缘，叶面绿色，叶背淡绿色，两面无毛或被短柔毛，主脉上面凹陷，背面隆起，侧脉3~5对，两面凸起，并被短柔毛。叶柄长1mm，被短柔毛。总状花序与叶对生，或腋外生，最上1个花序低于茎顶。花梗

瓜子金分枝（徐正浩摄）

细，长7mm，被短柔毛，基部具1片披针形、早落的苞片。萼片5片，宿存，外面3片披针形，长4mm，外面被短柔毛，里面2片花瓣状，卵形至长圆形，长6.5mm，宽3mm，先端圆形，具

瓜子金花（徐正浩摄）

瓜子金草地生境植株（徐正浩摄）

短尖头，基部具爪。花瓣3片，白色至紫色，基部合生，侧瓣长圆形，长6mm，基部内侧被短柔毛，龙骨瓣舟状，具鸡冠状附属物。雄蕊8枚，花丝长6mm，全部合生成鞘，鞘1/2以下与花瓣贴生，且具缘毛，花药无柄，顶孔开裂。子房倒卵形，径2mm，具翅，花柱长5mm，弯曲，柱头2个，间隔排列。蒴果圆形，径6mm，短于内萼片，顶端凹陷，具喙状突尖，边缘具有横脉的阔翅，无缘毛。种子2粒，卵形，长3mm，径1.5mm，黑色，密被白色短柔毛。

生物学特性：花期4—5月，果期5—8月。

生境特征：生于山坡草地或田埂上。在三衢山喀斯特地貌中生于山地、草地、疏灌木丛、林下、石缝、岩石阴湿处等生境。

分布：中国东北、华北、西北、华东、华中和西南地区有分布。朝鲜、日本、俄罗斯远东地区、越南、菲律宾和巴布亚新几内亚等也有分布。

第27章

茜草科 Rubiaceae

茜草科（Rubiaceae）隶属龙胆目（Gentianales），具611属，含13500余种。为被子植物第五大科。乔木、灌木、藤本或草本。世界广布，其中，热带和亚热带地区的种类较丰富。其特征为：单叶对生，具叶柄间托叶；花瓣合生，辐射对称；子房下位。

1. 金毛耳草 *Hedyotis chrysotricha* (Palib.) Merr.

分类地位：植物界（Plantae）

被子植物门（Angiospermae）

双子叶植物纲（Dicotyledoneae）

龙胆目（Gentianales）

茜草科（Rubiaceae）

耳草属（*Hedyotis* Linn.）

金毛耳草（*Hedyotis chrysotricha*（Palib.）Merr.）

形态学鉴别特征：多年生披散草本，高30cm，基部木质，被金黄色硬毛。叶对生，具短柄，薄纸质，阔披针形、椭圆形或卵形，长20~28mm，宽10~12mm，顶端短尖或凸尖，基部楔形或阔楔形，叶面疏被短硬毛，叶背被浓密黄色茸毛，脉上被毛更密。侧脉每边2~3条，极纤细，仅在叶背明显。叶柄长1~3mm。托叶短合生，上部长渐尖，边缘具疏小齿，被疏柔毛。聚伞花序腋生，有花1~3朵，被金黄色疏柔毛，近无梗。花萼被柔毛，萼管近球形，长13mm，

金毛耳草花（徐正浩摄）

金毛耳草花期植株（徐正浩摄）

萼檐裂片披针形，比管长。花冠白或紫色，漏斗形，长5~6mm，外面被疏柔毛或近无毛，里面有髯毛，上部深裂，裂片线状长圆形，顶端渐尖，与冠管等长或略短。雄蕊内藏，花丝极短或缺。花柱中部有髯毛，柱头棒形，2裂。果近球形，径2mm，被扩展硬毛，宿存萼檐裂片长1~1.5mm，成熟时不开裂，内有种子数粒。

生物学特性：花期几乎全年。

生境特征：生于山谷杂木林下或山坡灌木丛中。在三衢山喀斯特地貌中生于山坡、山地、岩石阴湿处、石缝、路边、疏灌木丛等生境。

分布：中国华东、华中、华南、西南等地有分布。

2. 鸡矢藤 *Paederia foetida* Linn.

中文异名：牛皮冻、女青、解暑藤、鸡屎藤

拉丁文异名：*Paederia scandens* (Lour.) Merr.

英文名：skunkvine, stinkvine, Chinese fever vine

分类地位：植物界（Plantae）

　　　　被子植物门（Angiospermae）

　　　　　双子叶植物纲（Dicotyledoneae）

　　　　　　龙胆目（Gentianales）

　　　　　　　茜草科（Rubiaceae）

　　　　　　　　鸡矢藤属（*Paederia* Linn. nom. cons.）

　　　　　　　　　鸡矢藤（*Paederia foetida* Linn.）

形态学鉴别特征：藤本，茎长3~5m，无毛或近无毛。叶对生，纸质或近革质，形状变化很大，卵形、卵状长圆形至披针形，长5~15cm，宽1~6cm，顶端急尖或渐尖，基部楔形、近圆或截平，有时浅心形，两面无毛或近无毛，有时下面脉腋内有束毛。侧脉每边4~6条，纤细。叶柄长1.5~7cm。托叶长3~5mm，无毛。圆锥花序式的聚伞花序腋生和顶生，扩展，分枝对生，末次分枝上着生的花常呈蝎尾状排列。小苞片披针形，长2mm。花具短梗或无。萼管陀螺形，长1~1.2mm，萼檐裂片5片，裂片三角形，长0.8~1mm。花冠浅紫色，管长7~10mm，外面被粉末状柔毛，里面被茸毛，顶部5裂，裂片长1~2mm，顶端急尖而直，花药背着，花丝长短不齐。果球形，成熟时近黄色，有光泽，平滑，径5~7mm，顶部冠以宿存的萼檐裂片和花盘。小坚果无翅，浅黑色。

生物学特性：花期5—7月。

鸡矢藤花期灌草丛生境植株（徐正浩摄）

生境特征：生于山坡、林中、林缘、沟谷边灌丛中或缠绕在灌木上。在三衢山喀斯特地貌中习见，生于林下、灌木丛、山地、路边、山坡等生境。

分布：中国华东、华中、华南、西南以及陕西、甘肃等地有分布。朝鲜、日本、印度、缅甸、泰国、越南、老挝、柬埔寨、马来西亚、印度尼西亚等国也有分布。

3. 茜草 *Rubia cordifolia* Linn.

英文名：common madder, Indian madder, manjistha, majith, tamaralli, manditti

分类地位：植物界（Plantae）

被子植物门（Angiospermae）

双子叶植物纲（Dicotyledoneae）

龙胆目（Gentianales）

茜草科（Rubiaceae）

茜草属（*Rubia* Linn.）

茜草（*Rubia cordifolia* Linn.）

形态学鉴别特征：草质攀缘藤木，长通常1.5~3.5m。根状茎和其节上的须根均红色。茎数条，从根状茎的节上发出，细长，方柱形，有4棱，棱上生倒生皮刺，中部以上多分枝。叶通常4片轮生，纸质，披针形或长圆状披针形，长0.7~3.5cm，顶端渐尖，有时钝尖，基部心形，边缘有齿状皮刺，两面粗糙，脉上有微小皮刺。基出脉3条，极少外侧有1对很小的基出脉。叶柄通常长1~2.5cm，有倒生皮刺。聚伞花序腋生和顶生，多回分枝，有花10余朵至数十朵，花序和分枝均细瘦，有微小皮刺。花冠淡黄色，干时淡褐色，盛开时花冠檐部径3~3.5mm，花冠裂片近卵形，微伸展，长1.5mm，外面无毛。果球形，径通常4~5mm，成熟时橘黄色。

生物学特性：花期8—9月，果期10—11月。

生境特征：常生于疏林、林缘、灌丛或草地上。在三衢山喀斯特地貌中生于林下、山地、石缝、路边、草地、灌木丛等生境。

茜草茎叶（徐正浩摄）

茜草岩石生境植株（徐正浩摄）

茜草花期生境植株（徐正浩摄）　　　　　茜草果期生境植株（徐正浩摄）

分布：中国东北、华北、西北、华东、华中、华南等地有分布。朝鲜、日本和俄罗斯远东地区等也有分布。

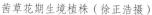 4. 四叶葎　*Galium bungei* Steud.

中文异名：细四叶葎、散血丹、小拉马藤、四叶草

分类地位：植物界（Plantae）

　　　　　被子植物门（Angiospermae）

　　　　　双子叶植物纲（Dicotyledoneae）

　　　　　龙胆目（Gentianales）

　　　　　茜草科（Rubiaceae）

　　　　　拉拉藤属（*Galium* Linn.）

　　　　　四叶葎（*Galium bungei* Steud.）

形态学鉴别特征：多年生丛生直立草本，高5~50cm，有红色丝状根。茎有4棱，不分枝或稍分枝，常无毛或节上有微毛。叶纸质，4片轮生，叶形变化较大，在同一株内上部与下部的叶形常不同，卵状长圆形、卵状披针形、披针状长圆形或线状披针形，长0.6~3.4cm，宽2~6mm，顶端尖或稍钝，基部楔形，中脉和边缘常有刺状硬毛，有时两面亦有糙伏毛，具1条

四叶葎茎叶（徐正浩摄）

四叶葎草地生境植株（徐正浩摄）

四叶葎石缝生境植株（徐正浩摄）

四叶葎岩石生境居群（徐正浩摄）

脉，近无柄或有短柄。聚伞花序顶生和腋生，稠密或稍疏散，总花梗纤细，常三歧分枝，再形成圆锥状花序。花小。花梗纤细，长1~7mm。花冠黄绿色或白色，辐状，径1.4~2mm，无毛，花冠裂片卵形或长圆形，长0.6~1mm。果瓣近球状，径1~2mm，通常双生，有小疣点、小鳞片或短钩毛，稀无毛。果柄纤细，常比果长，长可达9mm。

生物学特性：花期4—9月，果期5月至翌年1月。

生境特征：生于山地、丘陵、旷野、田间、沟边的林中、灌丛或草地。在三衢山喀斯特地貌中生于山甸、林下、山地、石缝、路边、草地等生境。

分布：几遍中国。日本、朝鲜也有分布。

第28章

金星蕨科 Thelypteridaceae

金星蕨科（Thelypteridaceae）隶属水龙骨目（Polypodiales），具900种。陆生，一些为岩生。多数种产于热带，一些种产于温带。根状茎匍匐。叶片一回羽状至二回羽状。孢子囊群绝大多数为肾形。除卵果蕨属（*Phegopteris*）外，均具孢子囊。

1. 渐尖毛蕨 *Cyclosorus acuminatus* (Houtt.) Nakai

中文异名：尖羽毛蕨、小毛蕨、毛蕨

分类地位：植物界（Plantae）

蕨类植物门（Pteridophyta）

水龙骨纲（Polypodiopsida）

水龙骨目（Polypodiales）

金星蕨科（Thelypteridaceae）

毛蕨属（*Cyclosorus* Link）

渐尖毛蕨（*Cyclosorus acuminatus*（Houtt.）Nakai）

形态学鉴别特征：株高70~80cm。根状茎长而横走，径2~4mm，深棕色，老则变褐棕色，先端密被棕色披针形鳞片。叶2列远生，相距4~8cm。叶柄长30~42cm，基部径1.5~2mm，褐色，无鳞片，向上渐变为深禾秆色，略有柔毛。叶片长40~45cm，中部宽14~17cm，长圆状披针形，先端尾状渐尖并羽裂，基部不变狭，二回羽裂。羽片13~18对，有极短柄，斜展或斜上，有等宽的间隔分开（间隔宽1cm），互生，或基部的对生，中部以下的羽片长7~11cm，中部宽8~12mm，基部较宽，披针形，渐尖头，基部不

渐尖毛蕨叶背（徐正浩摄）

等，上侧凸出，平截，下侧圆楔形或近圆形，羽裂达1/2~2/3。裂片18~24对，斜上，略弯弓，彼此密接，基部上侧一片最长，长8~10mm，披针形，下侧一片长不及5mm，第二对以上的裂片长4~5mm，近镰状披针形，尖头或骤尖头，全缘。叶脉下面隆起，清晰，侧脉斜上，每裂

渐尖毛蕨孢子囊群（徐正浩摄）　　　　　　　　渐尖毛蕨生境植株（徐正浩摄）

片7~9对，单一（基部上侧一片裂片有13对，多半二叉），基部一对出自主脉基部，其先端交接成钝三角形网眼，并自交接点向缺刻下的透明膜质连线伸出一条短的外行小脉，第二对和第三对的上侧一脉伸达透明膜质连线。叶坚纸质，干后灰绿色，除羽轴下面疏被针状毛外，羽片上面被极短的糙毛。孢子囊群圆形，生于侧脉中部以上，每裂片5~8对。囊群盖大，深棕色或棕色，密生短柔毛，宿存。

　　生物学特性：陆生中型植物。

　　生境特征：生于灌丛、草地、田边、路边、沟旁湿地或山谷乱石中。在三衢山喀斯特地貌中习见，生于草坡、林下、溪边、山地、岩石阴湿处、灌木丛等生境。

　　分布：中国华东、华中、华南、西南以及陕西、甘肃等地有分布。日本也有分布。

第29章

防己科 Menispermaceae

防己科（Menispermaceae）隶属毛茛目（Ranunculales），具68属，含440种。常为攀缘或缠绕藤本，稀直立灌木或小乔木，罕见草本或附生植物。单叶，螺旋状互生，常具掌状脉，具柄。无托叶。雌雄异株，有时具完全花。花序常呈总状、圆锥状或聚伞状。花小，两侧对称。萼片1~2轮，每轮3片，稀6片，分离至稍微合生。花瓣0~6片，2轮排列，每轮3片，稀6片，分离或合生，覆瓦状排列或镊合状排列。雄蕊群常具3~6枚雄蕊，分离或合。雌花有时具退化雄蕊。雌蕊群心皮分离，子房上位，常3~6枚，与花瓣对生，每心皮具2颗胚珠。核果不对称。种子稍弯或螺旋状，有或无胚乳。胚直生或弯曲，具2片扁平或圆柱状子叶。

1. 千金藤 *Stephania japonica* (Thunb.) Miers

英文名：snake vine

分类地位：植物界（Plantae）

  被子植物门（Angiospermae）

   双子叶植物纲（Dicotyledoneae）

    毛茛目（Ranunculales）

     防己科（Menispermaceae）

      千金藤属（*Stephania* Lour.）

       千金藤（*Stephania japonica*（Thunb.）Miers）

形态学鉴别特征：多年生草质或近木质缠绕藤本。块根粗长。根圆柱状，皮暗褐色，内面黄白色。小枝细弱而韧，表面有细槽，老茎木质化，圆柱形。叶草质或纸质，盾状着生，阔卵形，长4~8cm，宽4~7cm，顶端钝，基部近截形或圆形，全缘，叶面深绿色，有光泽，叶背粉白色，两面无毛，有时沿叶脉有细毛，掌状脉7~9条。叶柄盾状着生，长5~10cm，有细条纹。花序伞状至聚伞状，腋生。总花梗长2~3cm，无毛。花小，黄绿色。雄花萼片6~8片，卵形或倒卵形，花瓣3~5片，卵形，长为萼片的1/2，雄蕊6枚，合生，环列于柱状体的顶部。

千金藤茎叶（徐正浩摄）

千金藤叶序（徐正浩摄）

千金藤生境植株（徐正浩摄）

雌花萼片和花瓣3~5片，子房上位，卵圆形，花柱3~6裂，外弯。核果球形，径6mm，熟时红色，内果皮坚硬，扁平马蹄形，背部有小疣状突起。种子长3mm。

生物学特性：花期5—6月，果期8—9月。

生境特性：生于山坡溪畔、路旁、疏林草丛中。在三衢山喀斯特地貌中生于草地、山坡、林下、灌木丛、山地、石缝等。

分布：中国长江流域以南地区有分布。日本、印度也有分布。

2. 金线吊乌龟 *Stephania cepharantha* Hayata

中文异名：头花千金藤、金线吊鳖

分类地位：植物界（Plantae）

被子植物门（Angiospermae）

双子叶植物纲（Dicotyledoneae）

毛茛目（Ranunculales）

防己科（Menispermaceae）

千金藤属（*Stephania* Lour.）

金线吊乌龟（*Stephania cepharantha* Hayata）

形态学鉴别特征：多年生缠绕、草质、落叶、无毛藤本。块根团块状或近圆锥状，褐色，皮孔凸起。茎小枝紫红色，纤细。叶三角状扁圆形或近圆形，长2~6cm，宽2.5~6.5cm，先端具小凸尖，基部圆或近平截。掌状脉7~9条，向下的纤细。叶柄细，长1.5~7cm。雌、雄花序头状，具盘状托，雄花序梗丝状，常腋生，组成总状，雌花序梗粗，单生于叶腋。雄花萼片4~8片，匙形或近楔形，长1~1.5mm。花瓣3~4片，稀6片，近圆形或宽倒卵形，长0.5mm，聚药雄蕊短。雌花萼片1~5片，长0.8mm。花瓣2~4片，肉质，比萼片小。核果宽倒

金线吊乌龟叶背（徐正浩摄）

金线吊乌龟花期植株（徐正浩摄）

金线吊乌龟山地生境植株（徐正浩摄）

卵圆形，长6.5mm，红色。果核背部两侧各具10~12条小横肋状雕纹，胎座迹常不穿孔。种子常弯，种皮薄。

生物学特性：花期6—7月，果期8—9月。

生境特性：生于山坡、林缘、路边、沟溪旁等。在三衢山喀斯特地貌中生于灌木丛、草地、山坡等生境。

分布：中国长江以南地区有分布。亚洲和美洲热带至温带地区有分布。

🌿 3. 木防己 *Cocculus orbiculatus* (Linn.) DC.

分类地位：植物界（Plantae）

被子植物门（Angiospermae）

双子叶植物纲（Dicotyledoneae）

毛茛目（Ranunculales）

防己科（Menispermaceae）

木防己属（*Cocculus* DC.）

木防己（*Cocculus orbiculatus*（Linn.）DC.）

形态学鉴别特征：草质或近木质缠绕性藤本。根为不整齐的圆柱形，粗长，外皮黄褐色，具明显纵沟，质坚硬。茎木质化，纤细而韧，上部分枝表面有纵棱纹，小枝有纵线纹和柔毛。叶互生，纸质，卵形、宽卵形卵状长圆形，长4~14cm，宽2.5~6cm，先端形多变化，基部圆形、楔形或呈心形，全缘或微波状，两面被短柔毛，老时叶面毛脱落，叶背毛仍较密。中脉明显，侧脉1~2对。叶柄长1~3cm，表面有纵棱，被细柔毛。花单性异株。聚伞花序排成圆锥状，腋生或顶生。雄花萼片6片，2轮排列，外轮萼片较小，长1~1.5cm，内轮萼片较大，花瓣6片，

木防己茎（徐正浩摄）

木防己果实（徐正浩摄）

木防己苗（徐正浩摄）

木防己岩石生境植株（徐正浩摄）

先端2裂，基部两侧耳状，内折，雄蕊6枚，与花瓣对生，分离。雌花序短，花数少。雌花的萼片和花瓣与雄花相同，有退化雄蕊6枚，心皮6个，离生，子房三角状卵形。核果近球形，蓝黑色，径0.6~0.8cm，被白粉。外果皮膜质，中果皮肉质，内果皮坚硬，扁马蹄形，两侧有小横纹突起。种子径0.5mm。

生物学特性：花期5—8月，果期8—9月。

生境特性：生于丘陵、山坡、路边、灌丛及疏林中。在三衢山喀斯特地貌中生于灌木丛、山地、林下等生境。

分布：中国华南、西南、华东、华北和东北有分布。亚洲东部、东南部以及美国夏威夷群岛有分布。

第30章

蓼科 Polygonaceae

蓼科（Polygonaceae）隶属石竹目（Caryophyllales），具48~50属，含1200余种。草本，稀灌木或小乔木。茎直立，平卧、攀缘或缠绕，通常具膨大的节，稀膝曲，具沟槽或条棱，有时中空。叶为单叶，互生，稀对生或轮生，边缘通常全缘，有时分裂，具叶柄或近无柄。托叶通常联合成鞘状，称托叶鞘，膜质，褐色或白色，顶端偏斜、截形或2裂，宿存或脱落。花序穗状、总状、头状或圆锥状，顶生或腋生。花较小，两性，稀单性，雌雄异株或雌雄同株，辐射对称。花梗通常具关节。花被3~5深裂，宿存，内花被片有时增大，背部具翅、刺或小瘤。雄蕊6~9枚，稀较少或较多。花丝离生或基部贴生，花药背着，2室，纵裂。花盘环状，腺状或缺。子房上位，1室。心皮通常3个，稀2或4个，合生。花柱2~3个，稀4个，离生或下部合生。柱头头状、盾状或画笔状。胚珠1颗，直生，极少倒生。瘦果卵形或椭圆形，具3棱或双凸镜状，极少具4棱，有时具翅或刺，包于宿存花被内或外露。胚直立或弯曲，通常偏于一侧，胚乳丰富，粉末状。

1. 何首乌 *Fallopia multiflora* (Thunb.) Harald.

中文异名：多花蓼

英文名：Chinese knotweed, tuber fleeceflower

分类地位：植物界（Plantae）

被子植物门（Angiospermae）

双子叶植物纲（Dicotyledoneae）

石竹目（Caryophyllales）

蓼科（Polygonaceae）

何首乌属（*Fallopia* Adans.）

何首乌（*Fallopia multiflora*（Thunb.）Harald.）

形态学鉴别特征：多年生草本。块根肥厚，长椭圆形，黑褐色。茎缠绕，长2~4m，多分枝，具纵棱，无毛，微粗糙，下部木质化。叶互生，卵形或长卵形，长3~7cm，宽2~5cm，顶端渐尖，基部心形或近心形，两面粗糙，边缘全缘。叶柄长1.5~3cm。托叶鞘膜质，偏斜，无毛，长3~5mm。花序圆锥状，顶生或腋生，长10~20cm，分枝开展，具细纵棱，沿棱密被小突起。苞片三角状卵形，具小突起，顶端尖，每苞内具2~4朵花。花梗细弱，

何首乌叶（徐正浩摄）

何首乌果实（徐正浩摄）

何首乌花期生境植株（徐正浩摄）

何首乌花果期居群（徐正浩摄）

长2~3mm，下部具关节，在果期延长。花被5深裂，白色或淡绿色。花被片椭圆形，大小不相等，外面3片较大，背部具翅，在果期增大，花被在果期外形近圆形，径6~7mm。雄蕊8枚，花丝下部较宽。花柱3个，极短，柱头头状。瘦果卵形，具3棱，有光泽，包于宿存花被内。种子长2.5~3mm，黑褐色。

生物学特性：花期8—9月，果期9—10月。喜阳，耐阴，喜湿，怕涝，要求排水良好的土壤。

生境特性：生于山谷灌丛、山坡林下、沟边石隙。在三衢山喀斯特地貌中习见，生于溪边、灌木丛、林下、山地、石缝等生境，在溪边、山地等常形成优势种群。

分布：中国华东、华中、华南、西南、华北及西北等地有分布。日本也有分布。

第31章

水龙骨科 Polypodiaceae

水龙骨科（Polypodiaceae）隶属水龙骨目（Polypodiales），具60属，含1000种。多数为附生，少为土生。叶全缘，羽裂，叉状或羽状。根状茎匍匐，被鳞片。常生于湿润环境，多数分布于热带雨林。

1. 槲蕨 *Drynaria roosii* Nakaike

分类地位：植物界（Plantae）

　　　　　蕨类植物门（Pteridophyta）

　　　　　水龙骨纲（Polypodiopsida）

　　　　　水龙骨目（Polypodiales）

　　　　　水龙骨科（Polypodiaceae）

　　　　　槲蕨属（*Drynaria* (Bory) J. Sm.）

　　　　　槲蕨（*Drynaria roosii* Nakaike）

形态学鉴别特征：附生或石生。根状茎径1~2cm，密被鳞片。鳞片斜生，盾状着生，长7~12mm，宽0.8~1.5mm，边缘有齿。叶二型，孢子叶和鸟巢状不育叶。不育叶基生，圆形，浅裂，叶之间重叠，红棕色，长2~9cm，宽2~7cm。孢子叶较大，深裂，长20~45cm，宽10~20cm。孢子囊群沿裂片中肋两侧各排列1~3列。

生物学特性：附生或石生蕨类植物。

槲蕨叶（徐正浩摄）

槲蕨孢子囊群（徐正浩摄）

槲蕨植株（徐正浩摄）　　　　　　　　　　　槲蕨居群（徐正浩摄）

　　生境特征：附生于树干或岩石。在三衢山喀斯特地貌中生于山地草坡、岩石、树干等生境，在岩石和树干等生境常形成优势种群。

　　分布：中国华东、华中、华南、西南等地有分布。越南、老挝、柬埔寨、印度以及泰国北部等也有分布。

第32章

桔梗科 Campanulaceae

桔梗科（Campanulaceae）隶属菊目（Asterales），具84属，含2400种。常为草本、灌木，稀为小乔木，通常具乳汁。除南极洲外，各大洲广泛分布，分布于沙漠至热带雨林和湖泊等多种生境。

叶常互生，极稀对生或轮生，全缘或具锯齿。托叶缺。花序常总状。花两性，雄蕊先成熟。花瓣合生，裂片3~8片。花冠钟状、星状、管状，一些花冠两侧对称。花常呈蓝色，也具紫色、红色、粉红、橘黄、黄色、白色和绿色。花冠大小差异大。雄蕊与花瓣同数，且互生。花药有时呈管状。心皮数常为2个、3个或5个，与柱头裂片同数。子房下位，有时半下位，罕见上位。果实常为浆果。种子小，多数。

1. 蓝花参 *Wahlenbergia marginata* (Thunb.) A. DC.

中文异名：拐棒参

分类地位：植物界（Plantae）

被子植物门（Angiospermae）

双子叶植物纲（Dicotyledoneae）

菊目（Asterales）

桔梗科（Campanulaceae）

蓝花参属（*Wahlenbergia* Schrad. ex Roth）

蓝花参（*Wahlenbergia marginata*（Thunb.）A. DC.）

形态学鉴别特征：多年生草本，有白色乳汁。根细长，外面白色，细胡萝卜状，径可达4mm，长10cm。茎自基部多分枝，直立或上升，长10~40cm，无毛或下部疏生长硬毛。叶互生，无柄或具长至7mm的短柄，常在茎下部密集，下部的匙形、倒披针形或椭圆形，上部的条状披针形或椭圆形，长1~3cm，宽2~8mm，边缘波状或具疏锯齿，或全缘，无毛或疏生长硬毛。花梗极长，细而伸直，长可达15cm。花萼无毛，筒部倒卵状圆锥形，裂片三角状钻形。花冠钟状，蓝色，长5~8mm，分裂达2/3，裂片倒卵状长圆形。蒴果倒圆锥状或倒卵状圆锥形，有10条不甚明显的肋，长5~7mm，径3mm。种子矩圆状，光滑，黄棕色，长0.3~0.5mm。

生物学特性：花果期2—5月。

生境特征：生于低海拔的田边、路边和荒地中，有时生于山坡或沟边。在三衢山喀斯特地

蓝花参茎叶（徐正浩摄）

蓝花参花期植株（徐正浩摄）

貌中生于草地、路边、山地等生境。

分布：中国长江流域以南地区有分布。亚洲热带、亚热带地区广布。

蓝花参居群（徐正浩摄）

第33章

夹竹桃科 Apocynaceae

夹竹桃科（Apocynaceae）隶属龙胆目（Gentianales），具366属，含5100余种。常为乔木、灌木、草本、肉茎植物或藤本。绝大多数植物具乳汁或水液。单叶，互生于茎，但通常对生或轮生。叶对生时，上下2对叶交叉成90°的角。无托叶，或托叶小，有时呈指状。花辐射对称，顶生形成聚伞花序或总状花序，稀簇生或单生。花两性，萼合生，萼片5片，基部形成萼筒。花序顶生或腋生。花瓣5片，基部合生，筒状。雄蕊着生于花瓣上，4枚或5枚。花柱顶端增大，柱头呈棍棒状。子房常上位，2个心皮，或心皮离生。果实为坚果、浆果、蒴果或蓇葖果。

1. 络石 *Trachelospermum jasminoides* (Lindl.) Lem.

中文异名：石龙藤、万字茉莉、耐冬、白花藤、络石藤、软筋藤、扒墙虎、石盘藤、过桥风、墙络藤、藤络、骑墙虎、石邦藤

英文名：China starjasmine, confederate-jasmine, confederate jasmine, southern jasmine, star jasmine, confederate jessamine, Chinese star jasmine

分类地位：植物界（Plantae）

　　　　　　　被子植物门（Angiospermae）

　　　　　　　　双子叶植物纲（Dicotyledoneae）

　　　　　　　　　龙胆目（Gentianales）

　　　　　　　　　　夹竹桃科（Apocynaceae）

　　　　　　　　　　　络石属（*Trachelospermum* Lem.）

　　　　　　　　　　　　络石（*Trachelospermum jasminoides*（Lindl.）Lem.）

形态学鉴别特征：常绿攀缘藤本植物。具主根或分枝，基部具气生根。枝蔓长2~10m，有乳汁。茎圆柱形，老枝光滑，红褐色，有皮孔，节部常有气生根，幼枝上有茸毛。单叶对生，革质或近革质，椭圆形、宽椭圆形、卵状椭圆形至长椭圆形，长2~8cm，宽1~4cm，先端急尖、渐尖或钝，有时微凹或有小凸尖，基部楔形或圆形，叶面光滑，叶背有毛，渐秃净，中脉在叶背凸起，侧脉6~12对，不明显。叶柄短，长2~3mm，有短柔毛，后秃净。聚伞花序有花9~15朵，组成圆锥状，腋生或顶生。总花梗长1~4cm。苞片及小苞片披针形，长1~2mm。花梗长2~5mm。花蕾钝头。花萼5深裂，裂片线状披针形，长3~5mm，反卷。花冠白色，芳香，花冠筒中部膨大，喉部内面及着生雄蕊处有短柔毛，5裂，裂片线状披针形，长0.5~1cm，反卷，

络石茎（徐正浩摄）

络石枝叶（徐正浩摄）

络石路边生境植株（徐正浩摄）

络石居群（徐正浩摄）

呈片状螺旋形排列。雄蕊5枚，着生于花冠中部，花药箭头形，腹部黏生于柱头上。花盘环状5裂，与子房等长。子房无毛，花柱圆柱状，柱头圆锥形，全缘。蓇葖果双生，披针状圆柱形或有时呈牛角状，长5~18cm，宽0.4~1cm，无毛。种子多数，线形，褐色，长1.3~1.7cm，宽0.2cm，具长3~4cm的种毛。

生物学特性：花期6—7月，果期8—12月。喜半阴湿润的环境，耐旱也耐湿，对土壤要求不严，以排水良好的沙壤土较为适宜。

生境特性：生于山野、林缘或杂木林中，常攀缘在树木、岩石、墙垣上生长。在三衢山喀斯特地貌种习见，生于林下、山地、石缝、灌木丛、草地、山坡、溪边、路边等生境，在山地等生境常形成优势种群。

分布：除东北、新疆、青海、西藏等外，中国其他地区有分布。日本、朝鲜、越南也有分布。

第34章

马齿苋科 Portulacaceae

马齿苋科（Portulacaceae）隶属石竹目（Caryophyllales），具1属，含115种。一年生或多年生肉质草本，无毛或被疏柔毛。茎铺散，平卧或斜生。叶互生、近对生或在茎上部轮生。叶片圆柱状或扁平。托叶膜质鳞片状或为毛状附属物，稀完全退化。花顶生，单生或簇生。花梗有或无。总苞叶状，数片。萼片2片，筒状，其分离部分脱落。花瓣4片或5片，离生或下部连合，花开后黏液质，先落。雄蕊4枚至多数，着生于花瓣上。子房半下位，1室。胚珠多数。花柱线形。柱头线状，3~9裂。蒴果盖裂。种子细小，多数，肾形或圆形，光亮，具疣状突起。

1. 马齿苋 *Portulaca oleracea* Linn.

中文异名：马齿菜、长命菜、马舌菜、酸菜

英文名：common purslane, verdolaga, little hogweed, red root, pursley

分类地位：植物界（Plantae）

　　　　　　被子植物门（Angiospermae）

　　　　　　双子叶植物纲（Dicotyledoneae）

　　　　　　石竹目（Caryophyllales）

　　　　　　马齿苋科（Portulacaceae）

　　　　　　马齿苋属（*Portulaca* Lem.）

　　　　　　马齿苋（*Portulaca oleracea* Linn.）

形态学鉴别特征：一年生草本，全株无毛。茎平卧或斜倚，伏地铺散，多分枝，圆柱形，长10~15cm，淡绿色或带暗红色。叶互生，有时近对生，叶片扁平，肥厚，倒卵形，似马齿状，长1~3cm，宽0.6~1.5cm，顶端圆钝或平截，有时微凹，基部楔形，全缘，叶面暗绿色，叶背淡绿色或带暗红色，中脉微隆起。叶柄粗短。花无梗，径4~5mm，常3~5朵簇生于枝端，午时盛开。苞片2~6片，叶状，膜质，近轮生；萼片2片，对生，绿色，盔形，左右压扁，长4mm，顶端急尖，背

马齿苋花（徐正浩摄）

马齿苋花期植株（徐正浩摄）

马齿苋草地生境植株（徐正浩摄）

部具龙骨状突起，基部合生。花瓣5片，稀4片，黄色，倒卵形，长3~5mm，顶端微凹，基部合生。雄蕊通常8枚，或更多，长12mm，花药黄色。子房无毛，花柱比雄蕊稍长，柱头4~6裂，线形。蒴果卵球形，长5mm，盖裂。种子细小，多数，偏斜球形，黑褐色，有光泽，径不及1mm，具小疣状突起。

生物学特性：花期5—8月，果期6—9月。

生境特征：耐旱，耐涝，生命力强，生于路旁等生境。在三衢山喀斯特地貌中常生于石缝、岩石阴湿处等生境。

分布：中国南北各地均产。广布世界温带和热带地区。

第35章

马兜铃科 Aristolochiaceae

马兜铃科（Aristolochiaceae）隶属胡椒目（piperales），具7属，400余种。草质或木质藤本、灌木或多年生草本。根、茎和叶常有油细胞。单叶，互生，具柄，叶片全缘或3~5裂，基部常心形，无托叶。花两性，有花梗，单生、簇生或排成总状、聚伞状或伞房花序，顶生、腋生或生于老茎上，花色通常艳丽而有腐肉臭味。花被辐射对称或两侧对称，花瓣状，1轮，稀2轮，花被管钟状、瓶状、管状、球状或其他形状。花被檐部圆盘状、壶状或圆柱状，具整齐或不整齐3裂，或向一侧延伸成1~2个舌片，裂片镊合状排列。雄蕊6枚至多数，1轮或2轮。花丝短，离生或与花柱、花药隔合生成合蕊柱。花药2室，平行，外向纵裂。子房下位，稀半下位或上位，4~6室或为不完全的子房室，稀心皮离生或仅基部合生。花柱短而粗厚，离生或合生而顶端3~6裂。胚珠每室多颗，倒生，常1~2行叠置，中轴胎座或侧膜胎座。蒴果蓇葖果状、长角果状或为浆果状。种子多数，常藏于内果皮中，通常长圆状倒卵形、倒圆锥形、椭圆形、钝三棱形，扁平或背面凸而腹面凹入，种皮脆骨质或稍坚硬，种脊海绵状增厚或翅状，胚乳丰富，胚小。

1. 马兜铃 *Aristolochia debilis* Sied. et Zucc.

中文异名：水马香果、蛇参果
分类地位：植物界（Plantae）
        被子植物门（Angiospermae）
        双子叶植物纲（Dicotyledoneae）
        胡椒目（Piperales）
        马兜铃科（Aristolochiaceae）
        马兜铃属（*Aristolochia* Linn.）
        马兜铃（*Aristolochia debilis* Sied. et Zucc.）

形态学鉴别特征：多年生缠绕草本。根圆柱形，具分枝，细根发达。茎柔弱，具纵沟，无毛。叶纸质，互生，卵状三角形、长圆状卵形或戟形，长3~6cm，基部宽1.5~3.5cm，先端钝圆，具小尖头。基部心形，两侧裂片圆形，下垂或稍扩展。基出脉5~7条，各级叶脉在两面均明显。叶柄柔弱，长1~2cm。花1~2朵聚生于叶腋。花梗长1~1.5cm，基部有1片极小的三角形苞片，易脱落。花被长3~5.5cm，基部膨大成球形，向上收狭成一长管，管口扩大成漏斗状，

马兜铃花（徐正浩摄）　　　　　　　　　　马兜铃花期生境植株（徐正浩摄）

黄绿色，口部有紫斑，内面有腺体状毛，檐部一侧极短，另一侧渐延伸成舌片，舌片卵状披针形，顶端钝。雄蕊6枚，花药贴生于合蕊柱基部。子房圆柱形，具6棱，合蕊柱先端6裂，稍具乳头状突起，裂片先端钝，向下延伸形成波状圆环。蒴果近球形，先端圆形而微凹，具6棱，成熟时由基部向上沿空间6瓣开裂，呈提篮状。果梗长2.5~5cm，常撕裂成6条。种子扁平，钝三角形，边线具白色膜质宽翅。

　　生物学特性：喜光，耐寒，稍耐阴。花期7—8月，果期9—10月。

　　生境特性：常于郊野路边、林缘、灌丛中散生。在三衢山喀斯特地貌中生于草地、山坡、灌木丛、路边、山地、石缝、林下等生境。

　　分布：中国黄河以南地区有分布。日本也有分布。

第36章

忍冬科 Caprifoliaceae

忍冬科（Caprifoliaceae）隶属川续断目（Dipsacales），具42属，含860种。常绿或落叶灌木和藤本，稀草本。绝大多数叶对生，无托叶。花冠漏斗状或钟状，花瓣5片，外延，常芬芳。花萼小，具小苞片。果实多为浆果或坚果。锦带花属（*Weigela* Thunb.）为蒴果，而七子花属（*Heptacodium* Rehder）为瘦果。

1. 忍冬 *Lonicera japonica* Thunb.

中文异名：金银花

英文名：golden-and-silver honeysuckle, Japanese honeysuckle

分类地位：植物界（Plantae）

被子植物门（Angiospermae）

双子叶植物纲（Dicotyledoneae）

川续断目（Dipsacales）

忍冬科（Caprifoliaceae）

忍冬属（*Lonicera* Linn.）

忍冬（*Lonicera japonica* Thunb.）

形态学鉴别特征：多年生半常绿缠绕木质藤本。茎圆柱形，常缠绕成束，长可达9m，径1.5~6mm，中空，多分枝。幼枝常呈灰绿色，光滑或被茸毛。外皮易剥落，具多数膨大的节，节间长6~9cm，有残叶和叶痕。质脆，易折断，断面纤维性，黄白色。老枝表面红棕色至暗棕色。老枝微具苦味，嫩枝味淡。叶纸质，对生，卵形至长圆状卵形，有时卵状披针形，稀倒卵形，长3~9cm，宽1.5~5.5cm，先端短尖至渐尖，稀圆钝或微凹，基部圆形或近心形，边

忍冬茎叶（徐正浩摄）

缘具缘毛。小枝上部叶两面均被短柔毛，下部叶常无毛而叶背带灰绿色，入冬略带红色。叶柄长4~8mm，被毛。花双生。总花梗常单生于小枝上部叶腋，与叶柄等长或稍短，下方的有

忍冬对生叶（徐正浩摄）

忍冬花期植株（徐正浩摄）

时长2~4cm，密被短柔毛和腺毛。苞片叶状，长2~3cm，两面均被毛或稀无毛。小苞片长1mm，缘毛明显。萼筒长2mm，无毛，萼齿被毛，齿端被长毛。花蕾呈棒状，上部膨大，向下渐细，略弯曲，长2~3cm，上部径3mm，下部径1.5mm。花冠唇形，长2~6mm，被倒生粗毛和腺毛，筒细长，上唇4浅裂，初开时白色，后变金黄色，黄白相映，故名"金银花"。雄蕊5枚，与花柱均长于花冠。子房下位，3~5室，每室胚珠多颗，花柱纤细，柱头头状。浆果圆球形，径6~7mm，离生，熟时蓝黑色。种子细小，卵圆形，径0.5~1mm，黄褐色。

生物学特性：花期4—6月，秋季有时也开花，果期9—11月。

生境特性：生于灌丛、山坡岩石、山麓、山沟边等。在三衢山喀斯特地貌中习见，生于山地、山坡、草地、疏灌木丛、林下等生境。

分布：除黑龙江、内蒙古、宁夏、青海、新疆、海南和西藏无自然生长外，几遍中国。日本、朝鲜也有分布。

2. 攀倒甑 *Patrinia villosa* (Thunb.) Juss.

中文异名：白花败酱、苦叶菜

分类地位：植物界（Plantae）

被子植物门（Angiospermae）

双子叶植物纲（Dicotyledoneae）

川续断目（Dipsacales）

忍冬科（Caprifoliaceae）

败酱属（*Patrinia* Juss.）

攀倒甑（*Patrinia villosa*（Thunb.）Juss.）

形态学鉴别特征：多年生草本，高50~120cm。地下根状茎长而横走，偶在地表匍匐生长。茎密被白色倒生粗毛或仅沿二叶柄相连的侧面具纵列倒生短粗伏毛，有时几无毛。基生叶丛生，叶片卵形、宽卵形或卵状披针形至长圆状披针形，长4~25cm，宽2~18cm，先端渐尖，边缘具粗钝齿，基部楔形下延，不分裂或大头羽状深裂，叶柄较叶片稍长。茎生叶对生，与基生叶同形，或菱状卵形，先端尾状渐尖，基部楔形下延，边缘具粗齿，上部叶较窄小，常不分裂，叶面鲜绿色或浓绿色，叶背绿白色，两面被糙伏毛或近无毛。叶柄长1~3cm，上部叶渐近无柄。由聚伞花序组成顶生圆锥花序或伞房花序，分枝达5~6级，花序梗密被长粗糙毛或仅2纵列粗糙毛。总苞叶卵状披针形至线状披针形或线形。花萼小，萼齿5个，浅波状或浅钝裂状，长0.3~0.5mm，被短糙毛，有时疏生腺毛。花冠钟形，白色，5深裂，裂片不等形，卵形、卵状长圆形或卵状椭圆形，长0.75~2mm，宽1.1~1.75mm，蜜囊顶端的裂片常较大，冠筒常比裂片稍长，长1.5~2.6mm，宽1.7~2.3mm，内面有长柔毛，筒基部一侧稍囊肿。雄蕊4枚，伸出。子房下位，花柱较雄蕊稍短。瘦果倒卵形，与宿存增大苞片贴生。果苞倒卵形、卵形、倒卵状长圆形或椭圆形，有时圆形，长2.8~6.5mm，宽2.5~8mm，顶端钝圆，不分裂或微3裂，基部楔形或钝，网脉明显，具主脉2条，极少有3条的，下面中部2条主脉内有微糙毛。

生物学特性：花期8—10月，果期9—11月。

生境特性：生于山地林下、林缘或灌丛中、草丛中。在三衢山喀斯特地貌中生于路边、林下、灌木丛、山地、草坡、溪边、山甸等生境。

分布：中国华东、华中、华南、西南等地有分布。日本也有分布。

攀倒甑花序（徐正浩摄）

攀倒甑花期山地生境植株（徐正浩摄）

攀倒甑苗期山地生境植株（徐正浩摄）

攀倒甑岩石生境成株（徐正浩摄）

第37章

伞形科 Apiaceae

伞形科（Apiaceae）隶属伞形目（Apiales），多识：451属，3500~3650种。为开花植物的第十六大科。一年生至多年生草本，通常叶片往基部集生。少数为木质灌木或小乔木。根通常肉质而粗。茎直立或匍匐上升，通常圆形，稍有棱和槽，或有钝棱，空心或有髓。叶片大小不等，互生，或上部叶片近对生。叶片多裂，三出叶或羽状分裂，但也有单叶、全缘的属，如柴胡属（*Bupleurum* Linn.）。叶片揉搓时，常具特殊气味，芳香至臭味，但一些种无味。具叶柄或无。无托叶，但叶柄具鞘。多数种形成顶生的复伞形花序或单伞形花序。花常为完全花，雌雄同株，辐射对称，但也有两侧对称的花瓣，沿伞形花序边缘着生，如野胡萝卜（*Daucus carota* Linn.）。一些为雄花两性花同株、杂性同株或雌雄异株（如丝瓣芹属（*Acronema* Falc.ex Edgew.）），具萼片和花瓣，但花萼常高度退化，在一些种未显，而花瓣为白色、黄色、粉红色或紫色。花5基数，具萼片和花瓣各5片，雄蕊5枚。雄蕊群由5枚雄蕊组成，但雄蕊的功能，即使是单一花序中也常多变。一些花为功能雄性花蕊（具雌蕊，但无胚珠可以授粉），而其他的为功能雌蕊（具雄蕊，但花药不能产生可育花粉）。花通常由同一植株的不同花授粉，称为同株授粉。雌蕊群具2个心皮，融合成单个、2个心皮的雌蕊。子房下位。柱基着生2个花柱和花蜜，招引蝇、蚊、甲虫、蛾和蜜蜂。分裂果（双悬果）由2个合生心皮组成，成熟时分裂为2个分生果，分生果具1粒种子。许多果实由风传播，但其他果实，如胡萝卜属（*Daucus* Linn.）覆盖刚毛，可被欧洲变豆菜（*Sanicula eutopaea* Linn.）钩住，进而由具毛的动物携带走。种子具油质胚乳，常含香精油，具芳香物质。胚乳常软骨质，胚乳的腹面平直、凸出或凹入。胚小。

1. 前胡 *Peucedanum praeruptorum* Dunn

中文异名：白花前胡、鸡脚前胡、官前胡、山独活
分类地位：植物界（Plantae）
   被子植物门（Angiospermae）
    双子叶植物纲（Dicotyledoneae）
     伞形目（Apiales）
      伞形科（Apiaceae）
       前胡属（*Peucedanum* Linn.）
        前胡（*Peucedanum praeruptorum* Dunn）

形态学鉴别特征：多年生草本，高0.6~1m。根颈粗壮，径1~1.5cm，灰褐色，存留多数越年枯鞘纤维。根圆锥形，末端细瘦，常分叉。茎圆柱形，下部无毛，上部分枝多有短毛，髓部充实。基生叶具长柄，叶柄长5~15cm，基部有卵状披针形叶鞘。叶片轮廓宽卵形或三角状卵形，三出式二回至三回分裂，第一回羽片具柄，叶柄长3.5~6cm，末回裂片菱状倒卵形，先端渐尖，基部楔形至截形，无柄或具短柄，边缘具不整齐的3~4个粗或圆锯齿，有时下部锯齿呈浅裂或深裂状，长1.5~6cm，宽1.2~4cm，下表面叶脉明显凸起，两面无毛，或有时在下表面叶脉上以及边缘有稀疏短毛。茎下部叶具短柄，叶片形状与茎生叶相似。茎上部叶无柄，叶鞘稍宽，边缘膜质，叶片三出分裂，裂片狭窄，基部楔形，中间一枚基部下延。复伞形花序多数，顶生或侧生，伞形花序径3.5~9cm。花序梗上端多短毛。总苞片无或1片至数片，线形。伞辐6~15个，不等长，长0.5~4.5cm，内侧有短毛。小总苞片8~12片，卵状披针形，在同一小伞形花序上，宽度和大小常有差异，比花柄长，与果柄近等长，有短糙毛。小伞形花序有花15~20朵。花瓣卵形，小舌片内曲，白色。萼齿不显著。花柱短，弯曲，花柱基圆锥形。果实卵圆形，背部扁压，长4mm，宽3mm，棕色，有稀疏短毛，背棱线形稍凸起，侧棱呈翅状，比果体窄，稍厚。棱槽内油管3~5条，合生面油管6~10条。胚乳腹面平直。

生物学特性：花期8~9月，果期10—11月。

生境特性：生于山坡林缘、路旁或半阴性的山坡草丛中。在三衢山喀斯特地貌中生于林

前胡小叶（徐正浩摄）

前胡花序（徐正浩摄）

前胡花期山地生境植株（徐正浩摄）

前胡路边生境植株（徐正浩摄）

下、山地、灌木丛、草坡等生境。

分布：中国华东、华中、西南、西北等地有分布。

🌿 2. 小窃衣 *Torilis japonica* (Houtt.) DC.

中文异名：破子草

英文名：erect hedgeparsley, upright hedge-parsley, Japanese hedge parsley

分类地位：植物界（Plantae）

被子植物门（Angiospermae）

双子叶植物纲（Dicotyledoneae）

伞形目（Apiales）

伞形科（Apiaceae）

窃衣属（*Torilis* Adans.）

小窃衣（*Torilis japonica*（Houtt.）DC.）

形态学鉴别特征：一年生或多年生草本。株高20~120cm。主根细长，圆锥形，棕黄色，支根多数。茎直立，上部多分枝，表面具纵条纹细槽及白色倒向刺毛。叶长卵形，柄长2~7cm。一回至二回羽状分裂，两面具稀疏紧贴粗毛，第一回羽片卵状披针形，长2~5cm，宽1~2.5cm，先端渐窄，边缘羽状深裂或全裂，有长0.5~1.5cm的短柄，末回裂片披针形至长圆形，边缘有条裂状的粗齿、缺刻或分裂。复伞形花序顶生或腋生，总伞梗长3~22cm，有倒生刺毛。总苞片3~6片，线形或钻形，长5~7mm，伞幅4~12个。小伞形花序有花4~12朵，花梗长1~5mm。小总苞片7~8片，线状钻形。萼齿细小，三角状披针形。花瓣白色或紫红色，先端内折。花柱基部圆锥形，花柱在果期下弯。果实长圆状卵形，长1.5~4mm，宽1.5~2.5mm，有内弯或钩状的皮刺。每棱槽有油管1条。种子长0.5~1mm，胚乳腹面内陷。

生物学特性：花果期4—10月。

生境特性：生于杂木林下、林缘、路旁、河沟边以及溪边草丛。在三衢山喀斯特地貌中生于林下、山地、草坡、路边、山甸、山地、石缝等生境。

分布：除新疆、内蒙古及黑龙江等地外，中国其他地区有分布。欧洲、北非以及亚洲的温带地区有分布。

小窃衣花序（徐正浩摄）

小窃衣苗（徐正浩摄）

小窃衣草丛生境植株（徐正浩摄）

小窃衣花期林下生境植株（徐正浩摄）

3. 窃衣　*Torilis scabra* (Thunb.) DC.

中文异名：破子草、水防风

英文名：torilis anthriscus, rough hedgeparsley, rough hedge parsley

分类地位：植物界（Plantae）

　　　　　　被子植物门（Angiospermae）

　　　　　　　双子叶植物纲（Dicotyledoneae）

　　　　　　　　伞形目（Apiales）

　　　　　　　　　伞形科（Apiaceae）

　　　　　　　　　　窃衣属（*Torilis* Adans.）

　　　　　　　　　　　窃衣（*Torilis scabra*（Thunb.）DC.）

形态学鉴别特征：一年生或多年生草本。株高30~70cm。

与小窃衣的区别在于：总苞片常无，稀1~2片，而小窃衣总苞片3~6片；伞幅3~5个，而小窃衣伞幅4~12个；花梗4~7个，而小窃衣4~12个；果实长圆形，长3~7mm，宽2~4mm，而小窃衣果实长圆状卵形，长1.5~4mm，宽1.5~2.5mm。

茎单生，有分枝，有细直纹和刺毛，常带紫红色，具倒向贴生短硬毛。基生叶早枯。下部茎生叶柄长2~6cm。叶一回至二回羽状分裂，末回裂片披针形至长圆形，小裂片披针状卵形，长5~10mm，宽2~5mm，先端渐尖，边缘有条裂状粗齿至缺刻或分裂，两面具短硬毛。茎中上部叶与下部叶相似，渐小，柄全部变鞘。复伞形花序顶生和腋生，花序梗长2~8cm。总苞片通常无，稀1~2片，线形，长2~3mm。伞辐3~5个，长1~5cm，粗壮，有纵棱及向上紧贴的硬毛。小总苞片5~8片，钻形或线形，长2~6mm。花梗4~7个，长2mm。小伞形花序有花4~12朵。萼齿细小，三角状披针形。花瓣倒圆卵形，白色略带淡紫色，先端内折。花柱基圆锥状，短。果实长圆形，长3~7mm，宽2~4mm，有内弯或呈钩状的皮刺，粗糙，每棱槽下方有油管1条。种子长1~1.5mm。

生物学特性：花果期4—10月。

生境特性：生于山坡、林下、河边、芒地及草丛中。在三衢山喀斯特地貌中生于路边、林下、山地、草地、草坡、石缝、疏灌木丛等生境。

分布：中国华东、华中、西南、西北等地有分布。日本也有分布。

窃衣花序（徐正浩摄）

窃衣果实（徐正浩摄）

窃衣果期岩石生境植株（徐正浩摄）

窃衣山地生境植株（徐正浩摄）

第38章

石竹科 Caryophyllaceae

石竹科（Caryophyllaceae）隶属石竹目（Caryophyllales），具81属，含2625种。世界广布。一年生或多年生草本，稀亚灌木。茎节通常膨大，具关节。单叶对生，稀互生或轮生，全缘，基部多少连合。托叶有膜质或缺。花辐射对称，两性，稀单性，排列成聚伞花序或聚伞圆锥花序，稀单生，少数呈总状花序、头状花序、假轮伞花序或伞形花序。萼片5片，稀4片，草质或膜质，宿存，覆瓦状排列或合生成筒状。花瓣5片，稀4片，无爪或具爪，瓣片全缘或分裂，通常爪和瓣片之间具2片片状或鳞片状副花冠片，稀缺花瓣。雄蕊10枚，稀5枚或2枚。雌蕊1枚，由2~5个合生心皮构成。子房上位，3室或基部1室，上部3~5室，特立中央胎座或基底胎座，具1颗至多数胚珠。花柱1~5个，有时基部合生，稀合生成单花柱。蒴果长椭圆形、圆柱形、卵形或圆球形，果皮壳质、膜质或纸质，顶端齿裂或瓣裂，开裂数与花柱同数或为其2倍，稀为浆果状、不规则开裂或为瘦果。种子弯生，多数或少数，稀1粒，肾形、卵形、圆盾形或圆形，微扁。种脐通常位于种子凹陷处，稀盾状着生。种皮纸质，表面具有以种脐为圆心的、整齐排列为数层半环形的颗粒状、短线纹或瘤状突起，稀表面近平滑或种皮为海绵质。种脊具槽，稀具流苏状篦齿或翅。胚环形或半圆形，胚乳粉质，偏于一侧。

1. 箐姑草 *Stellaria vestita* Kurz

中文异名：接筋草、抽筋草、石灰草、疏花繁缕、石生繁缕、星毛繁缕、假石生繁缕

分类地位：植物界（Plantae）

　　　　被子植物门（Angiospermae）

　　　　双子叶植物纲（Dicotyledoneae）

　　　　石竹目（Caryophyllales）

　　　　石竹科（Caryophyllaceae）

　　　　繁缕属（*Stellaria* Linn.）

　　　　箐姑草（*Stellaria vestita* Kurz）

形态学鉴别特征：多年生草本，高30~90cm，全株被星状毛。茎疏丛生，铺散或俯仰，下部分枝，上部密被星状毛。叶片卵形或椭圆形，长1~3.5cm，宽8~20mm，顶端急尖，稀渐尖，基部圆形，稀急狭成短柄状，全缘，两面均被星状毛，下面中脉明显。聚伞花序疏散，具长花序梗，密被星状毛。苞片草质，卵状披针形，边缘膜质。花梗细，长短不等，长10~30mm，

箐姑草花序（徐正浩摄）

箐姑草果实（徐正浩摄）

密被星状毛。萼片5片，披针形，长4~6mm，顶端急尖，边缘膜质，外面被星状柔毛，显灰绿色，具3条脉；花瓣5片，2深裂近基部，短于萼片或近等长。裂片线形。雄蕊10枚，与花瓣短或近等长。花柱3个，稀为4个。蒴果卵萼形，长4~5mm，6齿裂。种子多数，肾脏形，细扁，长1.5mm，脊具疣状突起。

生物学特性：花期4—6月，果期6—8月。

生境特性：生于石滩、石隙、草坡或林下。在三衢山喀斯特地貌中生于路边、林下、山地、草坡、石缝、疏灌木丛等生境。

箐姑草林下生境植株（徐正浩摄）

分布：中国华东、华中、西南等地有分布。印度、尼泊尔、不丹、缅甸、越南、菲律宾、印度尼西亚、巴布亚新几内亚也有分布。

2. 无心菜 *Arenaria serpyllifolia* Linn.

中文异名：鹅不食草、蚤缀、卵叶蚤缀

分类地位：植物界（Plantae）

被子植物门（Angiospermae）

双子叶植物纲（Dicotyledoneae）

石竹目（Caryophyllales）

石竹科（Caryophyllaceae）

蚤缀属（*Arenaria* Linn.）

无心菜（*Arenaria serpyllifolia* Linn.）

形态学鉴别特征：一年生或二年生草本。株高10~30cm。株被白色短柔毛。丛生，叉状分

无心菜苗期植株（徐正浩摄）

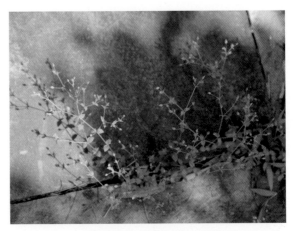

无心菜石缝生境植株（徐正浩摄）

枝，基部匍匐，上部直立，节间长1~3cm，密生倒毛。叶小，对生，卵形或倒卵形，长3~7mm，宽2~4mm，先端渐尖，基部近圆形，具缘毛，两面疏生柔毛和细乳头状腺毛。叶无柄。聚伞花序疏生于枝端。苞片和小苞片叶状。花梗纤细，直立，长6~12mm。萼片5片，有明显3条脉，倒卵形，边缘膜质。花瓣5片，白色，倒卵形，全缘，长为萼片的1/3~1/2。雄蕊10枚，2轮，与花瓣近等长。子房卵球形，花柱3个，线形。蒴果卵球形，稍长于宿存萼片，成熟时顶

无心菜花期居群（徐正浩摄）

端6裂。种子细小，肾形，淡褐色，径0.6mm，表面密生细小的疣状突起。

生物学特性：花期4—5月，果期5—6月。

生境特性：常生于田野、路旁、荒地、庭院、旱地及山坡草丛。在三衢山喀斯特地貌中生于路边、石缝、山间、草地、山坡等生境。

分布：中国广泛分布。亚洲其他国家、欧洲等也有分布。

第39章

大戟科 Euphorbiaceae

大戟科（Euphorbiaceae）隶属金虎尾目（Malpighiales），具300属，含7500种。为被子植物第五大开花植物科。乔木、灌木或草本，稀为木质或草质藤本。木质根，稀为肉质块根。通常无刺。常有乳状汁液，白色，稀为淡红色。叶互生，少有对生或轮生，单叶，稀为复叶，或叶退化呈鳞片状，边缘全缘或有锯齿，稀为掌状深裂。具羽状脉或掌状脉。叶柄长至极短，基部或顶端有时具1~2个腺体。托叶2片，着生于叶柄的基部两侧，早落或宿存，稀托叶鞘状，脱落后具环状托叶痕。花单性，雌雄同株或异株，单花或组成各式花序，通常为聚伞或总状花序，在大戟类中为特殊化的杯状花序（1朵雌花居中，周围环绕以数朵仅有1枚雄蕊的雄花）。萼片分离或在基部合生，覆瓦状或镊合状排列，在特殊化的花序中有时萼片极度退化或无。花瓣有或无。花盘环状或分裂成为腺体状，稀无花盘。雄蕊1枚至多枚。花丝分离或合生成柱状，在花蕾期内弯或直立。花药外向或内向，基生或背部着生，药室2个，稀3~4个，纵裂，稀顶孔开裂或横裂，药隔截平或凸起。雄花常有退化雌蕊。子房上位，3室，稀2室或4室，每室有1~2颗着生于中轴胎座上的胚珠，花柱与子房室同数，分离或基部连合，顶端常2裂至多裂，直立、平展或卷曲，柱头形状多变，常呈头状、线状、流苏状、折扇形或羽状分裂，表面平滑或有小颗粒状凸体，稀被毛或有皮刺。果为蒴果，常从宿存的中央轴柱分离成分果瓣，或为浆果状或核果状。种子常有显著种阜。胚乳丰富，肉质或油质。胚大而直或弯曲。子叶通常扁而宽，稀卷叠式。

1. 山靛 *Mercurialis leiocarpa* Sieb. et Zucc.

中文异名：方茎草

分类地位：植物界（Plantae）

　　　　被子植物门（Angiospermae）

　　　　　双子叶植物纲（Dicotyledoneae）

　　　　　　金虎尾目（Malpighiales）

　　　　　　　大戟科（Euphorbiaceae）

　　　　　　　　山靛属（ *Mercurialis* Linn.）

　　　　　　　　　山靛（ *Mercurialis leiocarpa* Sieb. et Zucc.）

形态学鉴别特征：草本，高0.3~1m。根状茎平卧，茎直立，不分枝。叶对生，干后膜质，卵状长圆形或卵状披针形，长3~13cm，宽2~5.5cm，顶端渐尖，基部钝或楔形，具疏毛，边缘具浅圆锯齿。叶柄长1.5~4.5cm。托叶披针形，长2.5mm，反折。雌雄同株。雄花序穗状，长5~12cm，无毛，雄花5~11朵排成团伞花序，在花序轴上稀疏排列，苞片卵形，长1.5mm。雌花序总状，长3~9cm，具雌花3~5朵，花梗长1~2mm，雌花两侧常有数朵雄花。雄花的萼片3片，卵形，长2mm，雄蕊12~20枚，花丝长2mm。雌花的萼片3片，卵形，长2mm。腺体2枚，线状，长2mm，花后稍伸长。子房近球形，径1.5mm，脊线两侧具2~4个小瘤或疏生小刚毛，花柱2枚，长1mm，近基部合生，开展，具乳头状突起。蒴果双球形，径5~6mm，分果瓣背部具2~4个小瘤或短刺。种子球形，径2.5mm，种皮具小孔穴。

　　生物学特性：花期12月至翌年4月，果期4—7月。

　　生境特征：生于山地密林下或山谷水沟边。在三衢山喀斯特地貌中生于山地、路边、林下、岩石阴湿处、林缘、疏灌木丛等生境，在岩石阴湿处、山地等生境常形成优势种群。

　　分布：中国华东、华中、华南、西南等地有分布。日本、朝鲜、泰国北部、印度东北部、不丹、尼泊尔等地也有分布。

山靛花序（徐正浩摄）

山靛花期植株（徐正浩摄）

山靛岩石阴湿处居群（徐正浩摄）

第40章

葡萄科 Vitaceae

葡萄科（Vitaceae）在克朗奎斯特被子植物分类系统中隶属鼠李目（Rhamnales），而APG分类系统中将其移入葡萄目（Vitales），具14属，含910种。攀缘木质藤本，稀草质藤本或直立灌木。单叶、羽状或掌状复叶，互生。托叶通常小而脱落，稀大而宿存。花小，两性或杂性同株或异株，排列成伞房状多歧聚伞花序、复二歧聚伞花序或圆锥状多歧聚伞花序，4~5基数。萼呈碟形或浅杯状，萼片细小。花瓣与萼片同数，分离或凋谢时呈帽状黏合脱落。雄蕊与花瓣对生，在两性花中雄蕊发育良好，在单性花雌花中雄蕊常较小或极不发达，败育。花盘呈环状或分裂，稀极不明显。子房上位，通常2室，每室有2颗胚珠，或多室而每室有1颗胚珠。果实为浆果，有种子1粒至数粒。胚小，胚乳形状各异，W形、T形或呈嚼烂状。

1. 蛇葡萄 *Ampelopsis glandulosa* (Wall.) Momiy.

中文异名：山葡萄、野葡萄、山天萝

拉丁文异名：*Ampelopsis sinica* (Miq.) W. T. Wang

英文名：amur ampelopsis, romanet grape root, wild grape

分类地位：植物界（Plantae）

被子植物门（Angiospermae）

双子叶植物纲（Dicotyledoneae）

葡萄目（Vitales）

葡萄科（Vitaceae）

蛇葡萄属（*Ampelopsis* Michaux.）

蛇葡萄（*Ampelopsis glandulosa*（Wall.）Momiy.）

形态学鉴别特征：多年生木质藤本。根粗壮，外皮黄白色。小枝圆柱形，具纵棱纹。茎具皮孔，幼枝被锈色短柔毛，卷须与叶对生，二叉分枝。叶纸质，单叶互生，心形或心状卵形，长5~10cm，宽5~8cm，顶端不裂或具不明显3浅裂，侧裂片小，先端钝，基部心形，叶面绿色，叶背淡绿色，两面均被锈色短柔毛，边缘有带小尖头的浅圆齿。基出脉5条，侧脉4对，网脉背面稍明显。叶柄长2~6cm，被锈色短柔毛。二歧聚伞花序与叶对生，长2~6cm，被锈色短柔毛，总花梗长1~3cm。花小，黄绿色，两性，有长2mm的花梗，基部有小苞片。花萼盘状，5浅裂，裂片有柔毛。花瓣5片，镊合状排列，卵状三角形，长2mm，外被柔毛。雄蕊5枚，与花瓣对生。子房2室，扁球形，被杯状花盘包围。浆果球形，幼时绿色，熟时蓝紫色，径8mm。种子近球形，径2~3mm。

生物学特性：花期6—7月，果期9—10月。

生境特性：生于疏林、旷野、山谷、路旁、溪边、草地、湿地等。在三衢山喀斯特地貌中生于山地、疏林、疏灌木丛等生境。

分布：中国东北、华北、华东、华中、华南、西南等地有分布。日本、朝鲜、俄罗斯等国也有分布。

蛇葡萄茎叶（徐正浩摄）

蛇葡萄果期植株（徐正浩摄）

蛇葡萄居群（徐正浩摄）

第41章

薯蓣科 Dioscoreaceae

薯蓣科（Dioscoreaceae）隶属薯蓣目（Dioscoreales），具9属，含715种。APG分类系统已将蒟蒻薯科（Taccaceae）和丝柄花科（Trichopodaceae）归入薯蓣科。缠绕草质或木质藤本。多年生草本具根状茎或块茎。茎左旋或右旋，有时无茎，有刺或无刺。叶互生，有时中部以上对生，或全部基生。单叶或掌状复叶，具网状脉。花两性，或单性异株，稀单性同株。花单生、簇生或排列成穗状、总状、圆锥状，或具总苞的伞形花序。花被片6片，离生或合生。雄蕊6枚。子房下位，3室或1室。果实为蒴果、浆果或翅果。

1. 薯蓣 *Dioscorea polystachya* Turcz.

中文异名：野山豆、野脚板薯、面山药、淮山

拉丁文异名：*Dioscorea opposita* Thunb.

英文名：Chinese yam, cinnamon-vine, nagaimo, Chinese-potato

分类地位：植物界（Plantae）

  被子植物门（Angiospermae）

    单子叶植物纲（Monocotyledoneae）

      薯蓣目（Dioscoreales）

        薯蓣科（Dioscoreaceae）

          薯蓣属（*Dioscorea* Linn.）

            薯蓣（*Dioscorea polystachya* Turcz.）

形态学鉴别特征：多年生缠绕草质藤本。根茎粗，垂直生长，单生或2~3个簇生，圆柱形，扁，末端膨大，长8~15cm，或更长，径1~1.5cm，常不分枝，表面灰黄色至灰棕色，质嫩脆，断面乳白色，多黏液，干时坚硬，断面粉白色。蔓生，右旋，具细纵槽，无毛，节处常带紫色。叶单叶。茎下部常互生，中部以上对生，或3片轮生。叶纸质，三角状卵形至长三角状卵形，长4~7cm，宽2.5~6cm，先端渐尖，基部心形，少数近平截，边缘常3浅裂至中裂或深裂，中间裂片卵形至长卵形，侧裂片方耳形至圆耳形，但幼时常为卵状心形，不裂，两面无毛。主脉7条。叶柄长2~4cm，两端常紫红色。叶腋间常生珠芽，球形至椭圆形，径3~8mm，表面青紫色，略光滑。花单性，雌雄异株，稀雌雄同株。花序穗状、总状或圆锥状。花极小，花被绿白色。雄花序直立，雌花序下生。雄花2~5朵簇生，花被片6片，2轮着生，基部合生，雄蕊6

枚，全育，或有时3枚发育，3枚退化。雌花和雄花相似，单生或2~3朵簇生，雄蕊退化或缺。子房下位，8室，花柱3个，分离。果序下弯，果梗不反曲，果面向下，蒴果三菱状球形，具3个翅，径16~24mm，长13~22mm，表面枯黄色。种子着生于果轴中部，扁卵形，四周有栗壳色薄翅，种翅长圆形，翅宽6mm，四周不等宽，种子居其中央。

生物学特性：花期6—8月，果期8—10月。耐寒，喜光，怕涝。

生境特性：生于山坡、矮灌丛、路旁草丛。在三衢山喀斯特地貌中生于山地、林下、疏灌木丛、石缝、山坡、路边等生境。

分布：中国华东、西南、华北、东北等地有分布。日本、朝鲜也有分布。

薯蓣茎叶（徐正浩摄）

薯蓣叶（徐正浩摄）

薯蓣肾形成熟果实（徐正浩摄）

薯蓣路边生境植株（徐正浩摄）

薯蓣石缝生境植株（徐正浩摄）

第42章

天门冬科 Asparagaceae

天门冬科（Asparagaceae）隶属天门冬目（Asparagales），具114属，含2900余种。多年生草本、攀缘藤本或灌木。部分种类常绿，因观叶而栽培。极耐寒至不耐寒。喜半阴或明亮的散射光环境。适生于肥沃和排水良好的土壤。

1. 天门冬 *Asparagus cochinchinensis* (Lour.) Merr.

中文异名：三百棒、丝冬、老虎尾巴根

英文名：radix asparagi, lucid asparagus

分类地位：植物界（Plantae）

被子植物门（Angiospermae）

单子叶植物纲（Monocotyledoneae）

天门冬目（Asparagales）

天门冬科（Asparagaceae）

天门冬属（*Asparagus* Linn.）

天门冬（*Asparagus cochinchinensis*（Lour.）Merr.）

形态学鉴别特征：攀缘植物。根在中部或近末端呈纺锤状膨大，膨大部分长3~5cm，粗1~2cm。茎平滑，常弯曲或扭曲，长可达1~2m，分枝具棱或狭翅。叶状枝通常每3个成簇，扁平或由于中脉龙骨状而略呈锐三棱形，稍镰刀状，长0.5~8cm，宽1~2mm。茎上的鳞片状叶基

天门冬茎叶（徐正浩摄）

天门冬灌草丛植株（徐正浩摄）

部延伸为长2.5~3.5mm的硬刺，在分枝上的刺较短或不明显。花通常每2朵腋生，淡绿色。花梗长2~6mm，关节一般位于中部，有时位置有变化。雄花的花被长2.5~3mm，花丝不贴生于花被片上。雌花大小和雄花相似。浆果径6~7mm，熟时红色，有1颗种子。

生物学特性：花期5—6月，果期8—10月。

生境特征：生于山坡、路旁、疏林下、山谷或荒地上。在三衢山喀斯特地貌中生于山地、灌木丛等生境。

分布：中国自河北、山西、陕西、甘肃等省的南部至华东、中南、西南地区有分布。朝鲜、日本、老挝和越南也有分布。

第43章

锦葵科 Malvaceae

锦葵科（Malvaceae）隶属锦葵目（Malvales），具244属，含4225种。绝大多数为草本或灌木，但也有一些为乔木或藤本。茎具黏液管和黏液孔，常具典型的星状毛，其中木棉亚科（Bombacoideae）具粗刺毛。叶常互生，具掌状脉，边缘全缘，但具锯齿时，叶脉达裂片的顶部。常具托叶。花常轴生，退化为单花，茎生、对生和顶生。苞片多数，呈两色单元结构。花单性或两性，常辐射对称，具显著苞片，构成副萼。萼片5片，基部合生。花瓣5片，复瓦状。雄蕊5枚至多枚，但常围绕雌蕊形成管状或筒状。雌蕊具2个至多个心皮。子房上位，中轴胎座。柱头头状或分枝。萼片上具由许多紧密堆积的腺毛构成的蜜腺。果实为蒴果，背室开裂。

1. 田麻 *Corchoropsis crenata* Sieb. et Zucc.

中文异名：野络麻

拉丁文异名：*Corchoropsis tomentosa* (Thunb.) Makino

分类地位：植物界（Plantae）

被子植物门（Angiospermae）

双子叶植物纲（Dicotyledoneae）

锦葵目（Malvales）

锦葵科（Malvaceae）

田麻属（*Corchoropsis* Sieb. et Zucc.）

田麻（*Corchoropsis crenata* Sieb. et Zucc.）

形态学鉴别特征：一年生草本。株高40~70cm。茎直立，上部多分枝，嫩枝与茎上有星芒状短柔毛。单叶互生。叶卵形或狭卵形，长2.5~6cm，宽1~3cm，先端急尖至渐尖、长渐尖，基部截形、圆形或微心形，边缘有钝牙齿，叶面绿色，叶背淡绿色，两面密生星芒状短柔毛。基出脉3条。叶柄长0.2~2.3cm，密被柔毛。托叶钻形，长2~4mm，脱落。花有细柄，单生于叶腋，径1.5~2cm，有细长梗。萼片5片，狭披针形，长5mm。花瓣5片，倒卵形，黄色。能育雄蕊15枚，每3枚成1束，不育雄蕊5枚，匙状线形，长1cm，与萼片对生。子房密生星芒状短柔毛。花柱单一，长1cm。蒴果圆筒形，长1.7~3cm，有星芒状柔毛。种子长卵形，有横纹。

生物学特性：花期8—9月，果期9—10月。

田麻茎枝（徐正浩摄）

田麻果实（徐正浩摄）

田麻果期植株（徐正浩摄）

田麻草地生境植株（徐正浩摄）

生境特性：生于山坡、草丛、村旁、路边等。在三衢山喀斯特地貌中生于草地、草坡、林下、山岙、路边、山地、石缝、岩石阴湿处、灌木丛等生境。

分布：中国华东、华中、华南、华北、东北等地有分布。日本、朝鲜也有分布。

第44章

小二仙草科 Haloragidaceae

APGⅢ分类系统将小二仙草科（Haloragidaceae）归入虎耳草目（Saxifragales），而克朗奎斯特被子植物分类系统将小二仙草科归入小二仙草目（Haloragales）。小二仙草科具9属，含145种。小二仙草科植物世界广布，而在大洋洲的种类较多。

绝大多数为草本，常为多年生，其中一些为一年生。一些种为木质。一些属为陆生，而一些属则为水生或半水生。多数为雌雄同株，而一些种为雌雄异株。花常小，不显。花常辐射对称，4裂，有时2~3裂。花瓣龙骨状或兜帽状。雄蕊常4~8枚。子房下位，具2~4个心皮。果实为坚果、核果，翅状或膨大，也可为分果，含1粒种子。

1. 小二仙草 *Haloragis micrantha* (Thunb.) R. Br.

中文异名：船板草、豆瓣草、扁宿草、下风草、沙生草

分类地位：植物界（Plantae）

被子植物门（Angiospermae）

双子叶植物纲（Dicotyledoneae）

虎耳草目（Saxifragales）

小二仙草科（Haloragidaceae）

小二仙草属（*Haloragis* J. R. Forst. et G. Forst.）

小二仙草（*Haloragis micrantha*（Thunb.）R. Br.）

形态学鉴别特征：多年生陆生草本，高5~45cm。茎直立或下部平卧，具纵槽，多分枝，带赤褐色。叶对生，卵形或卵圆形，长6~17mm，宽4~8mm，基部圆形，先端短尖或钝，边缘具稀疏锯齿，通常两面无毛，淡绿色，叶背带紫褐色，具短柄。茎上部的叶有时互生，逐渐缩小而变为苞片。花序为顶生的圆锥花序，由纤细的总状花序组成。花两性，极小，径1mm，基部具1片苞片或

小二仙草山地生境居群（徐正浩摄）

2片小苞片。萼筒长0.8mm，4深裂，宿存，绿色，裂片较短，三角形，长0.5mm。花瓣4片，淡红色，比萼片长2倍。雄蕊8枚，花丝短，长0.2mm，花药线状椭圆形，长0.3~0.7mm。子房下位，2~4室。坚果近球形，长0.9~1mm，宽0.7~0.9mm，有8条纵钝棱，无毛。

生物学特性：花期4—8月，果期5—10月。

生境特征：生于荒山草丛中。在三衢山喀斯特地貌中生于山地、山甸、路边、林下、疏灌木丛等生境。

分布：中国华北、华东、华中、华南、西南等地有分布。澳大利亚、新西兰、马来西亚、印度、越南、泰国、日本、朝鲜等国也有分布。

第45章

十字花科 Brassicaceae

十字花科（Brassicaceae）隶属十字花目（Brassicales），具372属，含4060种。一年生、二年生或多年生植物。多数为草本，很少为亚灌木。根有时膨大成肥厚块根。茎直立或铺散，有时茎短缩。基生叶呈旋叠状或莲座状。茎生叶常互生，有柄或无柄，单叶全缘、有齿或分裂。托叶常无。花两性，少有退化成单性的，多数聚集成总状花序，顶生或腋生，偶有单生的。萼片4片，分离，排成2轮，直立或开展，有时基部呈囊状。花瓣4片，分离，十字形排列，花瓣白色、黄色、粉红色、淡紫色、淡紫红色或紫色，基部有时具爪，少数种类花瓣退化或缺少，有的花瓣不等大。雄蕊通常6枚，也排列成2轮，外轮的2枚，具较短的花丝，内轮的4枚，具较长的花丝，有时雄蕊退化至4枚或2枚，或多至16枚。花丝有时成对连合，有时向基部加宽或扩大呈翅状。雌蕊1枚。子房上位，由于假隔膜的形成，子房2室，少数无假隔膜时，子房1室。每室有胚珠1颗至多颗，排列成1行或2行，生在胎座框上，形成侧膜胎座。花柱短或缺。柱头单一或2裂。果实为长角果或短角果，有翅或无翅，有刺或无刺，或有其他附属物。角果成熟后自下而上2果瓣开裂，也有4果瓣开裂的。有的角果一节一节地横断分裂，每节有1个种子，有的种类果实迟裂或不裂。有的果实变为坚果状。果瓣扁平或突起，或呈舟状，无脉或有1~3条脉。少数顶端具或长或短的喙。种子常较小，表面光滑或具纹理，边缘有翅或无翅，有的湿时发黏，无胚乳。子叶缘倚胚根，或背倚胚根，或子叶对折。

1. 心叶碎米荠 *Cardamine limprichtiana* Pax

分类地位：植物界（Plantae）

      被子植物门（Angiospermae）

        双子叶植物纲（Dicotyledoneae）

          十字花目（Brassicales）

            十字花科（Brassicaceae）

              碎米荠属（*Cardamine* Linn.）

                心叶碎米荠（*Cardamine limprichtiana* Pax）

形态学鉴别特征：多年生草本，高20~40m，茎和叶均被白色柔毛。主根长，多分枝，并生有须状根。根状茎很短。茎直立，稍曲折，自基部分枝，枝圆柱形。叶片膜质，基生叶为羽状复叶，有时单一，叶柄长3~14cm，顶生小叶大，心形，长3~7cm，宽2~5.5cm，顶端短尖或渐尖，基部心形，边缘具钝圆齿，侧生小叶很小，1~3对，疏生，卵形或披针形，有或无小叶柄。茎生叶具较长的叶柄，顶生小叶通常为三角状心形，顶端尾尖，基部心形，边缘锯齿钝或略尖锐，侧生小叶亦小，小叶柄通常显著。茎上部叶常为单叶，三角状披针形，具叶柄。总状花序疏松，出自叶腋，花梗长6~10mm。萼片长卵形，长3mm，边缘膜质，外面有毛或脱落。花瓣白色，长圆形或倒卵状楔形，长4.5mm，顶端微凹，基部有极短的爪，雌蕊柱状，长2.5mm，花柱极短，柱头圆球状，比花柱宽。长角果细长，直或弓形弯曲，长3~6cm，宽1mm。果瓣微凸，种子间稍缢缩，自基部有1条中脉。果梗直立开展或稍弯曲，纤细，长15~20mm。种子每室1行，长卵形，长2~2.5mm，宽1mm，暗褐色。子叶对折。

心叶碎米荠茎叶（徐正浩摄）

　　生物学特性：花期3—4月，果期4—5月。

　　生境特性：生于林下，路边及山坡岩旁。在三衢山喀斯特地貌中生于岩石阴湿处、石缝等生境。

　　分布：中国华东地区有分布。

心叶碎米荠花（徐正浩摄）

心叶碎米荠花果期岩石生境植株（徐正浩摄）

第46章

金丝桃科 Hypericaceae

金丝桃科（Hypericaceae）隶属金虎尾目（Malpighiales），具6~11属，含590~700种。一年生草本或多年生草本，或为灌木。单叶，全缘，对生，有时具黑色或透明腺点。花序簇生，组成聚伞花序，顶部平顶状。花两性或单性，放射状对称。花萼4片或5片，宿存。花瓣4片或5片，黄色，常具黑色板块。雄蕊多数，通常合生，花丝长。花柱3~5个，基部常合生。子房上位。果实多为蒴果，易裂。种子常黑色。

1. 元宝草 *Hypericum sampsonii* Hance

中文异名：对叶草、哨子草、散血丹、黄叶连翘、蜡烛灯台、大叶野烟子、对月草、合掌草、大还魂

分类地位：植物界（Plantae）

　　　　　　被子植物门（Angiospermae）

　　　　　　双子叶植物纲（Dicotyledoneae）

　　　　　　金虎尾目（Malpighiales）

　　　　　　金丝桃科（Hypericaceae）

　　　　　　金丝桃属（*Hypericum* Linn.）

　　　　　　元宝草（*Hypericum sampsonii* Hance）

形态学鉴别特征：多年生草本。株高0.2~0.8m。全体无毛。茎单一或少数，圆柱形，无腺点，上部分枝。叶对生，无柄，基部完全合生为一体而茎贯穿其中心，或宽或狭的披针形至长圆形或倒披针形，长2~8cm，宽0.7~3.5cm，先端钝形或圆形，基部较宽，全缘，坚纸质，叶面绿色，叶背淡绿色，边缘密生黑色腺点，全面散生透明或间有黑色腺点，中脉直贯叶端，侧脉每边4条，斜上升，近边缘弧状联结，与中脉两面明显，脉网细而稀疏。聚伞

元宝草花序（徐正浩摄）

花序顶生或腋生。苞片及小苞片线状披针形或线形，长达4mm，先端渐尖。花蕾卵珠形，先

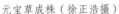
元宝草成株（徐正浩摄）

元宝草花期草丛生境植株（徐正浩摄）

端钝形。花梗长2~3mm。萼片不等大，长圆形、长圆状匙形或长圆状线形，长3~10mm，宽1~3mm，散布黑色斑点和透明腺点。花瓣淡黄色，椭圆状长圆形，长4~13mm，宽1.5~7mm，宿存，边缘有无柄或近无柄的黑腺体，全面散布淡色或稀为黑色腺点和腺条纹。雄蕊多数，基部合成3束，宿存，花药淡黄色，具黑腺点。子房卵珠形至狭圆锥形，长3mm，3室。花柱3个，长2mm，自基部分离。蒴果宽卵珠形至宽或狭的卵珠状圆锥形，长6~9mm，宽4~5mm，散布有卵珠状黄褐色囊状腺体。种子黄褐色，长卵柱形，长1mm，两侧无龙骨状突起，顶端无附属物，表面有明显的细蜂窝纹。

生物学特性：花期6—7月，果期7—9月。

生境特性：生于山坡、田野、草丛、沟边、湿地等。在三衢山喀斯特地貌中生于山地、路边、林下、林缘、石缝、山甸等生境，在山地、疏林生境中常形成优势种群。

分布：中国秦岭以南地区有分布。日本、越南、缅甸、印度也有分布。

第47章

景天科 Crassulaceae

景天科（Crassulaceae）隶属虎耳草目（Saxifragales），具34或35属，含1400余种。世界广布，多数分布在北半球和非洲南部。

草本或灌木，常有肥厚、肉质的茎、叶，无毛或有毛。叶互生、对生或轮生，常为单叶，全缘或稍有缺刻。不具托叶。花两性，或为单性而雌雄异株，辐射对称，常为聚伞花序，或为伞房状、穗状、总状或圆锥状花序。花有时单生。花常为5基数或其倍数，少有为3基数、4基数、6~32基数或其倍数。萼片自基部分离，少有在基部以上合生，宿存。花瓣分离，或多少合生。雄蕊1轮或2轮，与萼片或花瓣同数或为其2倍，分离，或与花瓣或花冠筒部多少合生。花丝丝状或钻形，少有变宽的。花药基生，少有为背着，内向开裂。心皮常与萼片或花瓣同数，分离或基部合生，常在基部外侧有腺状鳞片1片。花柱钻形。柱头头状或不显著。胚珠倒生，有两层珠被，常多数，排成两行沿腹缝线排列，稀少数或一个的。蓇葖有膜质或革质的皮，稀为蒴果。种子小，长椭圆形。种皮有皱纹或微乳头状突起，或有沟槽。胚乳不发达或缺。

1. 珠芽景天 *Sedum bulbiferum* Makino

中文异名：马尿花、珠牙佛甲草

分类地位：植物界（Plantae）

　　　　被子植物门（Angiospermae）

　　　　　双子叶植物纲（Dicotyledoneae）

　　　　　　虎耳草目（Saxifragales）

　　　　　　　景天科（Crassulaceae）

　　　　　　　　景天属（*Sedum* Linn.）

　　　　　　　　　珠芽景天（*Sedum bulbiferum* Makino）

形态学鉴别特征：多年生草本。根须状。茎高7~22cm，茎下部常横卧。叶腋常有圆球形肉质小珠芽着生。下部叶常对生，上部叶常互生，下部叶卵状匙形，上部叶匙状倒披针形，长10~15mm，宽2~4mm，先端钝，基部渐狭。花序聚伞状，分枝3个，常再二歧分枝。萼片5片，披针形至倒披针形，长3~4mm，宽达1mm，有短距，先端钝。花瓣5片，黄色，披针形，长4~5mm，宽1.25mm，先端有短尖。雄蕊10枚，长3mm。心皮5片，略叉开，基部1mm合生，全长4mm。

珠芽景天花（徐正浩摄）

珠芽景天成株（徐正浩摄）

生物学特性：花期4—5月。

生境特性：生于山坡沟边、果园、苗圃、田边、庭院阴湿处。在三衢山喀斯特地貌中生于山地、石缝、岩石阴湿处、草地、路边等生境。

分布：中国长江流域以南地区有分布。日本也有分布。

珠芽景天花期植株（徐正浩摄）

2. 凹叶景天 *Sedum emarginatum* Migo

中文异名：石板还阳、石雀还阳

分类地位：植物界（Plantae）

　　　　　　被子植物门（Angiospermae）

　　　　　　双子叶植物纲（Dicotyledoneae）

　　　　　　虎耳草目（Saxifragales）

　　　　　　景天科（Crassulaceae）

　　　　　　景天属（*Sedum* Linn.）

　　　　　　凹叶景天（*Sedum emarginatum* Migo）

形态学鉴别特征：多年生草本。茎细弱，高10~15cm。叶对生，匙状倒卵形至宽卵形，长1~2cm，宽5~10mm，先端圆，有微缺，基部渐狭，有短距。花序聚伞状，顶生，宽3~6mm，有多朵花，常有3个分枝。花无梗。萼片5片，披针形至狭长圆形，长2~5mm，宽0.7~2mm，先端钝。基部有短距。花瓣5片，黄色，线状披针形至披针形，长6~8mm，宽1.5~2mm。鳞片5片，长圆形，长0.6mm，钝圆。心皮5片，长圆形，长4~5mm，基部合生。蓇葖略叉开，腹面

凹叶景天顶部聚生叶（徐正浩摄）

凹叶景天花（徐正浩摄）

有浅囊状隆起。种子细小，褐色。

生物学特性：花期5—6月，果期6月。

生境特性：生于山坡阴湿处。在三衢山喀斯特地貌中生于山地、石缝、岩石阴湿处等生境，在岩石阴湿处常形成优势种群。

分布：中国华东、华中、西南、西北等地有分布。

凹叶景天花期岩石阴湿处植株（徐正浩摄）

3. 东南景天 *Sedum alfredii* Hance

中文异名：变叶景天

分类地位：植物界（Plantae）

　　　　被子植物门（Angiospermae）

　　　　双子叶植物纲（Dicotyledoneae）

　　　　虎耳草目（Saxifragales）

　　　　景天科（Crassulaceae）

　　　　景天属（*Sedum* Linn.）

　　　　东南景天（*Sedum alfredii* Hance）

形态学鉴别特征：多年生草本。茎斜上，单生或上部有分枝，高10~20cm。叶互生，下部叶常脱落，上部叶常聚生，线状楔形、匙形至匙状倒卵形，长1.2~3cm，宽2~6mm，先端钝，有时有微缺，基部狭楔形，有距，全缘。聚伞花序宽5~8cm，有多朵花。苞片似叶而小。花无梗，径1cm。萼片5片，线状匙形，长3~5mm，宽1~1.5mm，基部有距。花瓣5片，黄色，披针形至披针状长圆形，长4~6mm，宽1.6~1.8mm，有短尖，基部稍合生。雄蕊10枚，对瓣的长

东南景天互生叶（徐正浩摄）

东南景天聚伞花序（徐正浩摄）

2.5mm，在基部上1~1.5mm处着生，对萼的长4mm。鳞片5片，匙状正方形，长1.2mm，先端钝截形。心皮5片，卵状披针形，直立，基部合生，全长4mm，花柱长1mm在内。蓇葖斜叉开。种子多数，长0.6mm，褐色。

生物学特性：花期4—5月，果期6—8月。

生境特性：生于山坡林下阴湿石上。在三衢山喀斯特地貌中生于山地、石缝、岩石阴湿处等生境，在山地等形成优势种群。

分布：中国华东、华中、华南、西南等地有分布。朝鲜、日本也有分布。

东南景天居群（徐正浩摄）

第48章

酢浆草科 Oxalidaceae

酢浆草科（Oxalidaceae）隶属酢浆草目（Oxalidales），具5属，其中酢浆草属（*Oxalis* Linn.）的物种数最多，含570种。一些种具典型的裂叶，小叶显示"睡眠活动"，即在光下伸展，而在黑暗条件下闭合。APG Ⅳ植物分类系统将阳桃属（*Averrhoa* Linn.）列入酢浆草科，但一些植物学家将其单独放入阳桃科（Averrhoaceae）。

1. 酢浆草 *Oxalis corniculata* Linn.

中文异名：酸味草、鸠酸

英文名：creeping woodsorrel, procumbent yellow-sorrel, sleeping beauty

分类地位：植物界（Plantae）

被子植物门（Angiospermae）

双子叶植物纲（Dicotyledoneae）

酢浆草目（Oxalidales）

酢浆草科（Oxalidaceae）

酢浆草属（*Oxalis* Linn.）

酢浆草（*Oxalis corniculata* Linn.）

形态学鉴别特征：草本，高10~35cm，全株被柔毛。根茎稍肥厚。茎细弱，多分枝，直立或匍匐，匍匐茎节上生根。叶基生或茎上互生。托叶小，长圆形或卵形，边缘被密长柔毛，基部与叶柄合生，或同一植株下部托叶明显而上部托叶不明显。叶柄长1~13cm，基部具关节。小叶3片，无柄，倒心形，长4~16mm，宽4~22mm，先端凹入，基部宽楔形，两面被柔毛或表面无毛，沿脉被毛较密，边缘具贴伏缘毛。花单生或数朵集为伞形花序状，腋生，总花梗淡红色，与叶近等长。花梗长4~15mm，果后延伸。小苞片2片，披针形，长2.5~4mm，膜质。萼片5片，披针形或长圆状披针形，长3~5mm，背面和边缘被柔毛，宿存。花瓣5片，黄色，长圆状倒卵形，长6~8mm，宽4~5mm。雄蕊10枚，花丝白色半透明，有时被疏短柔毛，基部合生，长、短互间，长者花药较大且早熟。子房长圆形，5室，被短伏毛，花柱5个，柱头头状。蒴果长圆柱形，长1~2.5cm，具5棱。种子长卵形，长1~1.5mm，褐色或红棕色，具横向肋状网纹。

生物学特性：花、果期2—9月。

酢浆草花（徐正浩摄）

酢浆草果实（徐正浩摄）

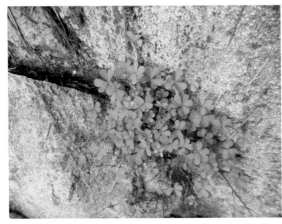

酢浆草石缝生境植株（徐正浩摄）

酢浆草岩石生境植株（徐正浩摄）

生境特征：生于山坡草池、河谷沿岸、路边、田边、荒地或林下阴湿处等。在三衢山喀斯特地貌中习见，生于山地、林下、疏灌木丛、石缝、岩石阴湿处、山间、路边等生境，在山地、岩石阴湿处、石缝等生境常形成优势种群。

分布：中国广布。亚洲温带和亚热带地区、欧洲以及北美洲等有分布。

参考文献

［1］吴征镒. 中国植物志[M]. 北京：科学出版社，1991—2004.

［2］浙江植物志编辑委员会. 浙江植物志[M]. 杭州：浙江科学技术出版社，1993.

［3］徐正浩，戚航英，陆永良，等. 杂草识别与防治[M]. 杭州：浙江大学出版社，2014.

［4］徐正浩，周国宁，顾哲丰，等. 浙大校园野草野花[M]. 杭州：浙江大学出版社，2016.

［5］徐正浩，徐建明，朱有为. 重金属污染土壤的植物修复资源[M]. 北京：科学出版社，2018.

索 引

索引1 拉丁学名索引

索引2 中文名索引